鉄道運転進化論

自動運転の時代に運転士は必要か？

西上い
Nishiue Itsuk

交通新聞社新書 166

はじめに

私の「ハンドルを握る」経験

「鉄道ファンは鉄道会社に入社できない」という噂があります。かくいう私も鉄道ファンでした。噂を気にしながらも、就職活動では全国津々浦々の鉄道会社をあたりました。今だからいえますが、自分が鉄道ファンであることをひた隠しにして、各社の筆記、面接に挑みました。噂はあくまで噂だったのか、鉄道ファンであることを隠したのが功を奏したのか、なんとか鉄道会社に入社することができました。喜びは一入で、しばらくは鉄道会社に入ったこと自体に大きく満足をしていた気がします。

運転士経験のことを「ハンドルを握る」といいますが、基本的にハンドルを握るのは鉄道会社の運輸職の社員です。私は鉄道会社に入社当初、運輸職ではなく事務方の社員でした。事務方は、研修時にこそ駅員や車掌として制服を着ますが、日常で制服を着ることはありませんし、もちろん電車を運転することもありません。

その後の人事面談で、私は、「ハンドルを握りたいです」と直談判をしました。それから、国家試験を受験し、制服に身をつつみ、運転士としてのキャリアを積むことになりました。

今でも、運転士見習としてはじめて運転席に座り、真鍮《しんちゅう》のハンドルを握り、右手にずっしりと独特な金属感が伝わってきたときのことを覚えています。と同時にそれは、「もう自分は鉄道ファンではなくなった」という大きな考え方の変化が起きた瞬間でもありました。鉄道マンスピリットの芽吹きといったところでしょうか。それほどに「ハンドルを握る」ことは、大きな責務を感じることでした。

現役の運転士時代は、さまざまな列車を運転しました。免許の種類は「動力車操縦者運転免許（甲種電気車）」というものです。通勤電車だけではなく特急列車や機関車も運転しましたし、ブレーキ方式で分けても、「自動空気ブレーキ」というアナログから「電磁直通ブレーキ」や「電気指令式ブレーキ（ＶＶＶＦ車）」といった近現代の方式までを操作できました。年数の割には幅広な経験ができたともいえます。

とはいえ、それだけで「鉄道運転」についてのすべてを知ったような口をきく気はありません。鉄道運転の世界では、教官の役割を担う指導運転士が、免許取得前の運転士見習に運転技術、規則などの知識のほか、仕事をする上でのメンタリティを教える仕組みになっています。そして、指導運転士には、いつからか「師匠」「先生」という呼称が定着します。本書では、私の経験だけではなく、「師匠」「先生」はもちろん、現役を含む運転士経験者、鉄道事業関係者、鉄道技術専門家の皆さんに取材をして、情報を補っています。

本書の後半に詳しく登場する「自動運転」については、私が鉄道会社を退職してから現在の事業のなかで熱中している分野の一つです。ＪＲ東日本は、グループ経営ビジョン「変革２０２７」のなかで「ドライバレス運転」の実現を掲げています。日本の首都・東京の中心をぐるりとまわる山手線がdriver（運転士）のいない状態で運転されようとしているのです。私は、運転士という職業、仕事がなくなってしまうかもしれない寂しさと同時に新たな技術進化への大きな期待を感じています。なぜなら、「師匠」「先生」方のノウハウの結集こそが技術進化であり、鉄道マンスピリットは次世代に伝承されていくと信じているからです。そのあたりの思いも、文章のなかに盛り込んだつもりです。

２０２２（令和４）年は、新橋と横浜を結ぶ鉄道が開業してから１５０年の節目の年です。この１５０年で、鉄道運転は大きな変化を遂げてきました。ハンドルを握らない鉄道運転の時代が来ても、私がハンドルを握ってきた経験が鉄道業界に少しでも還元できればと願いつつ、執筆を進めてまいります。

鉄道運転進化論 ――― 目次

第2章　現在の鉄道運転……39

第3章 自動運転時代を迎えて

第1章

黎明期の鉄道運転

お雇い外国人が運転技術を伝承、
戦時下では女性運転士が活躍

1872年に日本ではじめての鉄道が開業

鉄道開業時の機関士は外国人だった

1872（明治5）年、新橋～横浜間に日本ではじめての鉄道が開業しました。しかし、開国間もない当時の日本に鉄道の技術はないに等しいものです。近代化を進める政府は、イギリスから鉄道を輸入することにしました。

イギリスでは、日本が江戸時代であった1825年にすでに鉄道が開業していて、さまざまなノウハウが習熟されていました。信号、通信や料金体系だけではなく、運転技術も持ち込まれることになり、機関車（牽引機）はすべてイギリスからの輸入で、燃料も一部を除いてほとんどが輸入炭だったといいます。

このように、イギリスからパッケージで輸入された鉄道ですので、開業当初の機関車の運転士はすべて外国人、いわゆる「お雇い外国人」でした。最初の運転士はジョン・ホール、ジェームス・ロバートソン、エドワード・ロバーツなどで、彼らの指導の下で、日本人が機

横浜市の横浜外国人墓地内にあるモレルの墓所は鉄道記念物に指定。写真は1972年、鉄道開業100年のときのもの

関助士として同乗することになります。

政府が雇った鉄道関係のお雇い外国人は１８７４（明治７）年12月には１１５人もいて、運転だけでなく信号や時計の取扱いまでを担っていたというのですから、お雇い外国人が明治時代の鉄道創業期を支えていたことがわかります。なかでも有名なのは、官設鉄道（当時の日本の国有鉄道）運輸長になったウォルター・ページという鉄道技師で、ダイヤの作成から運賃設定の業務なども行い、１８７７（明治10）年には、京都〜神戸間が全通した際のお召し列車の運転にもかかわった人物として知られています。

徐々に伝達された運転技術

鉄道建設の指揮にあたったのは、初代鉄道兼電信建築師長に就任したエドモンド・モレルでした。技術教育を確立すべきと提言したモレルは、鉄道開業の前年に亡くなりましたが、彼の遺志により、東京と大阪に日本人の技術的自立を実現するための技術者養成学校が設置されました。

養成学校では、機関助士のなかから経験が豊富で技術習熟の高い日本人、平野平左衛門、落合丑松、山下熊吉の3名が選ばれ、機関士として養成されました。日本人として最初の機関士の登用は1879（明治12）年4月になってからで、新橋～横浜間で乗務を開始しました（最初は旅客列車ではない資材列車などから乗務して訓練をしたと伝わっている）。同時期に関西でも3名、日下輝道、関野梅吉、平野好太が京都～神戸間で旅客列車乗務をスタートしたという記録も残っていて、この頃から徐々に「雇われ外国人」から日本人に運転技術が伝達され、各地に鉄道が根付いていく様がわかります。

開業から10年目の1882年になると、鉄道関係のお雇い外国人は22人にまで減少しました。西南戦争などで政府が財政難になったということもありますが、日本人技術者の育成が身をむすんだことも大きな理由で、日本の鉄道は徐々に技術的に自立していったのです。

ちなみに、『国鉄百年史』には、機関士養成の行程として次のようなプログラムが挙げられています

①経験の長い火夫の中から、候補者を選抜
②緊急時の工具の使用法、機関車の構造、必要な機械の操作を行う
③機関車の組立・分解が出来る
④資材やバラスト列車に乗務
⑤まず定期運転に使用されない線路で、次に本線で正規の時刻表に従って
⑥入換作業

現在の機関士も、機関助士のうちから勉強し、実務のなかでの訓練を積んでいきます。運転だけではなく、信号・保守・サービス、あらゆる鉄道の技術がイギリスより伝わってきた、まさに手探りのなかで西洋の技術に追いつけ追い越せの時代の機関士養成プログラムは、１５０年経った今にも通じているようです。

鉄道運転の現場は長らく男性ばかり

いまだ過半数は男性が占める職場

2018（平成30）年に公開された映画『かぞくいろ―RAILWAYS わたしたちの出発―』では、女優の有村架純さんが肥薩おれんじ鉄道の運転士役を演じました。シングルマザー役の有村さんが家族のために鉄道運転士をめざすというものですが、一流の女優さんですので、とても華やかでした。

今でこそ女性の運転士や車掌も多く見かけるようになりましたが、これまでの長い期間、鉄道運転の現場は男性ばかりでした。

1986（昭和61）年に「男女雇用機会均等法」が施行され、鉄道会社でも事務系には女性が採用されました。しかし、運転士や車掌といった「鉄道事業現場」に女性が加わることはまだ少なかったのです。女性の深夜労働を規制した労働基準法も、女性の採用を妨げました。加えて、鉄道事業現場には女性従業員用のトイレや宿泊施設がなく、ほとんどすべての設備は男性用に限られていたという環境面の問題もありました。

そもそもの鉄道運行の規則も高いハードルでした。列車を止めなければならない事故が発生した際には、列車に危険を知らせるほか、列車を安全に停止させなければなりません。その措置は「列車防護」といい、たとえば、事故発生場所から数百ｍ離れた地点で、信号炎管（発煙筒）を用いて停止信号を示し、列車を止めるのですが、乗務員は、停止信号を示すために線路上を全力で駆けることがあります。線路上にはバラスト（石）が敷き詰められていますので、ただ歩くだけでも大変です。そこを数百ｍも走るのですから、比較的体力のある男性にとってもかなりの負担で、女性にとってはかなりきついと想像できます。さらに遡れば、ＳＬの釜焚（た）きや、転車台を人力でまわすことなど、はしばしに力仕事が存在しています。

１９８７（昭和62）年のＪＲ発足当時の女性社員の割合はわずか０・８％に過ぎず、しかもその大半が東京鉄道病院（現ＪＲ東京総合病院）の看護師です。ちなみに私が所属していた名古屋鉄道では２０２１（令和３）年現在の女性比率は全社で14・３％、しかも運転などを行う鉄道事業現場においてはわずか２・７％と、近年その数は増えたとはいえ、いまだ過半数以上は男性が占める職場なのです。

戦時下を支えた女性運転士

女性鉄道員のデビューは、鉄道開業の1872（明治5）年から30年も後になります。まず1902年に、讃岐鉄道で喫茶室の給仕として女性の乗務員が採用されています。その翌年には国鉄出札窓口にて10代女性が採用、1915（大正4）年には高野鉄道の芦原町駅ではじめての女性駅長が誕生し、2年後の1917年には美濃鉄道に女性車掌が登場し、当時の新聞でも報道されたそうです。

それほど珍しかった女性の鉄道員ですが、戦時中は、女性が多くを占めていました。1943（昭和18）年、戦時中の労働力不足を補うために「国内必勝勤労対策」が閣議決定し、車掌などの職種で男性就業が禁止されました。代わりに、25歳未満の女性たちが「勤労挺身隊」として車掌や操車掛に動員されたのです。

函館市電では、1940（昭和15）年の時点で、59人もの女性が採用されました。男性が徐々に出征していくなか、女性の運転士が増えてきたのです。その後も、少なくとも200人前後の女性が車掌や運転士として鉄道現場で働き、戦時中の函館を支えました。

広島電鉄では、戦時下に、運転士や車掌などの人手不足が深刻になり、1943（昭和

18）年４月、電車やバスの乗務員を養成するための家政女学校を新設しました。食事つきで勉強ができ、給料ももらえるということで、地方からも多くの女性が集まりました。
最初のうちは車掌として勤務していた最上級生の女子学生も、徐々に運転士を務めるようになりました。その頃は免許などもなく、１週間ほど運転士の横に見習いとしてついたのちに、すぐに運転士として運転しなければなりませんでした。勤務も、早朝から深夜までに及んだそうです。

そして１９４５（昭和20）年８月６日、広島の街に原爆が投下されました。広島電鉄社員や家政女学校の生徒など１８５名が殉職、２６６名が負傷します。市内は、死体や瓦礫などで悲惨な状況となりました。原爆投下の３日後、なんと己斐～天満町間で電車が復旧しました。電車を動かした乗務員は、軽傷であった女学生でした。ちなみに被爆した６５０形とよばれる車両は、その後修理され、３両は今もなお現役で広島の街を走り続けています。

戦後再び、鉄道の現場から女性が減少

１９４５年７月には、国鉄職員数の約24％を女性が占めました。同年８月には、京成電

鉄に東京ではじめての女性運転士が誕生しています。

しかし戦後、鉄道の現場から女性が徐々に少なくなっていきます。１９４８年に発行された運輸調査局の『交通労働論』によれば、１９４６年10月の現業関係の女性の新規採用が２名なのに対し、退職者数が１３３７名もいたという記録が残っています。

１９４７年に公布された「労働基準法」では女子保護規定が設けられました。「弱い女性を保護する」と、過酷な労働から女性を守る一方、深夜労働も多い鉄道事業現場においては女性が働く機会をうばってしまったのです。男性が復員したのちは、女性は車内アテンダントや電話掛として活躍したものの、女性運転士の姿は見られなくなってしまったのです。

平成に入った、１９９０（平成２）年、秋田内陸縦貫鉄道にてようやく戦後初の女性運転士が登場し、鉄道事業社各社にて徐々に女性の登用が増えてきました。２００１年には、ＪＲ東日本にも会社発足後はじめての女性運転士が誕生し話題となりました。

対談 1 × 大井川鐵道機関士

残しておきたい蒸気機関車の運転のリアル

静岡県の大井川鐵道で、ＳＬ（蒸気機関車）を動かしてきた坂下裕之さんに、石炭を火床に投げ入れる「投炭」のこと、蒸気機関士の運転テクニックのこと、時代とともに変わってきた機関士の役割などについて、お話をうかがいます。

蒸気を上げないことにはＳＬは動かない

西上　大井川鐵道で、長年電車運転士・機関士を務められてきた坂下さんにおうかがいします。まずは、機関助士の業務について教えてください。

坂下　私が機関助士になって1年目くらいの話をしましょう。

　機関助士は2人いて、1人が、機関車にある100くらいの箇所に油をさします。もう1人が、蒸気を上げるための準備を行います。この準備が、SLのその日の調子を決める「火床整理」です。

　ボイラーの火床という石炭が燃える場所（火室）のなかには、前日の石炭の燃えかすがたくさん残っています。燃えかすを残したままにしておくと、通風が悪くなり、そこに石炭をくべたところでほとんど燃えず圧力の上がりが悪いので、燃えかすを車体の下に落とします。

　あとは、車体の下に山のように積み上がる燃えかすを片付けます。リヤカーを持ってきてスコップで入れて、それをさらに一輪車で捨てに行って撒いてまた戻って、といったことを3往復くらい。力仕事ですし、時間の制限もあるので大変です。

　次に、石炭は直に火がつかないので、薪に火をつけ、0・2〜0・3メガパスカルまで蒸気圧力を上げそこから石炭を投入します。薪に火をつける作業ひとつにしても、前日の雨で薪が全部濡れていることがある。あと、生木といって、切りたての乾燥していない木の場合、私みたいな1年目の者が点火しようとしてもなかなかつかない。

それに、ＳＬは、石炭さえあれば走りそうなイメージですけれど、水がなくてはまったく走らない。必ず水が必要ですので、ホースをタンクのなかに突っ込んで満水にする。水は、軟水を使います。水道水はボイラーを傷めやすいので、軟水器を通しています。

西上　ここまでの準備は、いつ行うのですか。

坂下　当日の朝です。朝早く。たとえばＳＬが11時52分発、だったら、７時30分から準備です。とにかく蒸気を上げないことにはＳＬは動かないから、プレッシャーがかかります。

西上　それを機関助士２人で行うのは大変ですね。

坂下　１年目なんて、それだけでヘトヘトです。機関士が「じゃあ俺がちょっとこっちの油やっといてやるよ」とか「ちょっと薪運んどいてやるよ」とか手伝いをしてくれるときは、すごく助かりました。で、そこまで準備して、さらに乗務。「今からまだ乗るの?」みたいな気持ちです。

明暗を分ける機関助士の「投炭」の腕

西上　そしていざ乗務となると、釜の前はサウナ状態だそうですね。

坂下　60度ぐらいになると思います。ですが、暑さにまいる気持ちよりも、SLが走れるように、とにかく石炭をくべなくてはならないという使命感が勝ります。とはいえ、1年目の小僧が、石炭をうまくすくってくべられるわけがない。「投炭」には技術が必要なので。

西上　映像などで見る投炭は、単に投げ入れているだけのように見えますが。

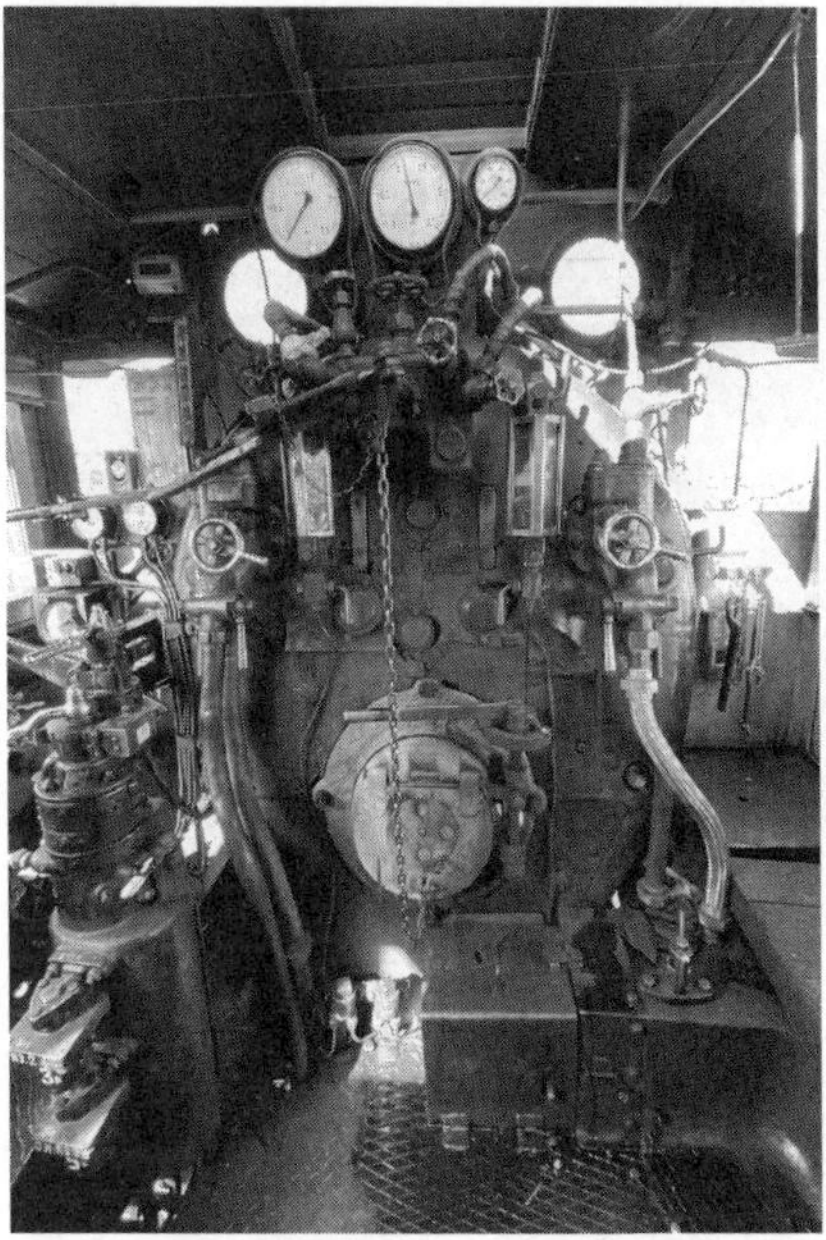
運転台。写真中央が焚口戸。ここを開けて火床に石炭を投げ入れる。写真上のメーターは圧力計

坂下　やり方によって結果が変わります。たとえば石炭をすくってそのままくべると、石炭は塊のまま落ちます。先ほど火床の通風はよくなければいけないという話をしましたが、塊だと通風がとても悪い。ですので、なるべく石炭をなかで散らしたい。石炭は1個ずつが離れていたほうが燃え

投炭時は手首を返して石炭を横の壁に当てて散らす

やすいんです。投炭技術としては、横にある壁に石炭を当てて、塊を散らばせること。散らしてなおかつ奥も手前も均一になるようにくべないと、蒸気の上がりも悪くなってしまいます。

西上　人によって、蒸気の上がりに差は出るのでしょうか。

坂下　腕の差ですね、もうそこは。差は煙の色でも判断できます。通風が悪いと、石炭同士がくっついてしまう。これが何十個、何百個ってくっついて、それがすべて一枚板みたいになってしまう。こうなったらもう最悪です。下から空気が入ってこないから燃えない。いくらくべたって、蓋になってしまう。不完全燃焼を起こしているので、ずっと黒い煙が出ていて、だんだんと黄色くなります。

火入れの前の薪を釜のなかに入れた状態

西上　そうした場合は、どうするんですか？

坂下　SLには、ポーカーという鉄の長い棒が乗っていて、ポーカーで釜を開けて、石炭を割ります。これが、熱い。5分もやっていられないような状態です。

西上　投炭の際、釜のなかは燃えていて、細部までは肉眼で見えませんよね。

坂下　見えなくても対応できます。釜は長方形で、だいたい奥行き180㎝ぐらいです。自分の頭のなかのイメージではそこを9分割にして、一番奥を狙う、次は右の奥を狙う。次は真ん中の左を狙う、右を狙う、というような感覚で均一にくべていく。始発駅の新金谷を出て、千頭駅に到着する頃には炎もだんだんおさまってくる。釜の戸を開けてなかを見ると結果がわかる。うまくいかないときなんか、「ああ、これ最低じゃん」みたいなね（笑）。

西上　釜のなかを、野球のストライクゾーンみたいにわけているんですね。

坂下　手慣れてきてからは、機関士と機関助士の3人で、「すげぇいい釜じゃん」って見とれていました（笑）。

西上　機関士と機関助士の関係性としては、寡黙な機関士と従順な機関助士が「お前やっとけよ」「はい！」みたいだと思っていました。

坂下　機関助士になりたての頃はそんな感じです。自分が一番の若手で、まわりはみんな先輩。うまくできる人たちのなかに入っても、うまくできない。途中で「お前代われ」っていわれたことも多かったです。

西上　前方の監視も機関助士の仕事の一つと聞きました。

坂下　踏切・トンネル・橋りょう・カーブなど、注意が必要なところで汽笛を鳴らすことも、機関助士の役割です。

西上　「火床整理」や「投炭」に比べたら、そっちの方が気は休まる？

坂下　そうですね。夏なんか、くべた後は、汽笛を握りながら放心状態です（笑）。朝の7時30分から熱を受けているので、終点の千頭駅に着く13時過ぎには、運転台から炎天下の

運転席と釜は至近距離

外に出ても「ああ、涼しいなあ」って思いますもんね。

電車とはまったく違う、蒸気機関士のテクニック

西上　蒸気機関車の運転は、電車の仕組みとは当然違うとは思いますが。

坂下　まったく別物ですね。ブレーキについても、今の電車は、当社の電車も電磁直通ブレーキですし、自分の止まりたいところに止まれる感じですよね。ＳＬは自動空気ブレーキで、階段制動階段ゆるめで、３回ぐらいゆるめて止まるのが基本です。

今の電車運転士の皆さんが、電車で電磁直通

ブレーキの経験を積んでから、ＳＬの免許をとろうとする場合には、苦労するのではないかと思います。

西上　加速・力行はいかがでしょうか？

坂下　ぜんぜん違います。まず電車だったら、ノッチを普通に入れていれば普通に上っていきますし、それは上り勾配でも問題ない。でもＳＬは違います。雨などで湿っている場所があると、上り勾配では空転してしまうんです。空転を1回してしまうと速度がガツンって落ちる。加減弁を閉じたり逆転機を抑えたり、空転を止めるためにさまざまな手法をこらさなければいけない。

空転が止まったとしても、走る、また空転する、また同じように空転を止める、を繰り返すと、どんどん速度が落ちてしまい、最終的にはＳＬが止まってしまう。ＳＬが上り勾配で止まってしまえば、もうにっちもさっちもいかない。客車をつけられているわけですから、後ろに引っ張られてしまいます。

西上　解決方法はありますか？

坂下　ＳＬの運転においては、こうすれば絶対にうまく勾配を上れるよ、という正解はたぶんありません。

2年近くの大規模な改修を経て、2003年に復活した大井川鐵道のC11形190号機

むかし、雨がしとしと降っていて、客車も5両めいっぱいついた悪条件下の上り勾配で止まってしまったことがありました。新金谷駅を発車するときにすでに空転していたので、「今日は絶対苦労する」ってはなから憂鬱なわけです。途中までは勾配もきつくないので、空転しても、なんとか行けますが、その後、川根温泉笹間渡～地名間の20‰（パーミル）上り勾配、なおかつトンネルが3つある難所があるんです。

一番勢いをつけて上っておきたい川根温泉笹間渡駅を過ぎてからの区間にきついミニカーブがあって、直線じゃないという……本来は50km／hは出したいところですが、スピードがのらない。止まってしまったときには、積んでいた砂をレールに撒きました。

西上　なるほど、粘着力を上げるのですね。

坂下　少し先まで砂を撒いておいて、グイっと起動。空転しないことを確認しながら、そろそろ、ゆっくりゆっくり。そのときは、一番のローギアで上っていくことができました。

自分のテクニック不足・技術不足に落ち込むことも

西上　皆さん、チームとしてSLを動かしていらっしゃいますね。

坂下　機関士と機関助士の3人で1チームなので、たとえば、先ほどの空転してしまったケースでも、機関士は「加減弁のレバーの操作」「逆転機の操作」と「砂の操作」の3つの操作をしなければならない。一度に3つの操作はできないので、別の1人が無言のまま来て、加減弁の操作をやってくれる。すると、機関士は逆転機と砂に集中できるということです。

機関士が蒸気を使うとき、いわゆる力行をするときには、「開けるよ」とか「もらうよ」と声をかけます。そうすると機関助士は「はい」といってブロワーを開閉したり、くべはじめたり、そういった連携もあります。

坂下さん。大井川鐵道で電車運転士・機関士を務め、現在は鉄道部運輸課長として乗務員の管理などを行っている。当時は最年少機関士として一躍話題ともなった有名人

ただ、運転台は、タービンの回る音やコンプレッサーの音がうるさい。コミュニケーションをとるためには大きい声を張る必要があります。

西上　機関助士は体力的に大変というお話でした。機関士についてはどうですか?

坂下　SLには、肉体的負担と精神的負担と2種類の負担があります。朝から釜の近くにいる機関助士の仕事は肉体的負担が大きい。精神的負担は、機関士の方が大きいかもしれない。運転は全部が運転士・機関士の責任、ハンドルを握る者の責任です。

とにかく、勾配を上れないときなんかは、機関士にとっては屈辱なんです。本当に条件が悪ければ、いくらベテランでも止まっ

てしまうんですが、機関士としては自分のテクニック不足・技術不足だと落ち込んでしまう。しばらくは、運転するのがいやになります。

西上 ご苦労も多いでしょうが、坂下さんにとって運転は楽しいですか？

坂下 楽しくはないですよね、仕事だから（笑）。鉄ちゃんでもないですし。ただ、会社の人事異動で乗務員になれということになって、今に至ります。

ただ、車掌のときに見えていたもの、電車の運転士になってから見えたもの、次はSLの機関助士のとき、SLの機関士をしてわかったもの、それぞれ違っていて、なかなかできない経験だったとは感じています。

むかしのぶっきらぼうなサービスは、グレードアップ中

西上 時代によって、運転士、機関士の求められる役割は変わってくると思っています。私が勝手に想像するに、むかしは寡黙に仕事だけすればよかったけれど、現在は接客・CSみたいな言葉が出てくる時代になりました。坂下さんのここ25年に、変化はありましたか？

坂下　私たちの入社時の、団塊の世代っていうのは、威張っていたというか、とても職人気質でした。だけど、お客さまを乗せて走って、終点にもたくさんのお客さまがＳＬを見に来ている。子どもがいると、「ぼうや、なかに乗れ！」なんて。口調は荒いんですけど、そんな感じで乗せてあげる。「運転席座ってみろ！」「お前帽子かぶるか！」って、写真も撮らせてあげていました。子どもが喜ぶ様子を見て、私も、これはよいな、これはずっとやっていかなきゃいけないないなと思っていました。

私たちの時代になっても、ＳＬを見に来たお客さまに、「よろしければなかにどうぞ」「私がシャッター押しますよ」と。「帽子もあります」ってお客さま用の帽子も用意しておくんです。もちろん運転席には人がいて、小さい子どもを抱っこして、「はい」って乗せてあげる。むかしのぶっきらぼうな「お前乗れよ」みたいなサービスが、少しグレードアップしています。やはりお客さまに喜んでもらってなんぼの仕事ですし、そのためにやっているという気持ちがある。お客さまからの「ありがとう」や「また乗りに来ます」という言葉が、私の今の一番のやりがいです。

第2章

現在の鉄道運転

列車制御、代々受け継がれてきた運転士のＤＮＡ、大事故から学ぶ教訓

運転士による列車制御と、システムによる列車制御

さまざまな要因に対応できる運転技術

運転士は、運転士用のスタフ（時刻カード）に基づいて運転操縦を行います。スタフには、5秒単位などで細かく時刻情報が記載されています。

スタフの時刻情報は、鉄道会社でダイヤ（列車運行図表、ダイヤグラム）をひく人、いわゆる「スジ屋」がつくった情報がベースになっています。スジ屋は、特急列車や普通列車などさまざまな列車運行の条件を加味した上で、最適な列車運行ダイヤをひいています。そんなことはありえないのですが、運転士が無秩序に走行したり、同じ時間に同じ線路に複数の列車が走ったりしないためです。

そのダイヤは、各駅間にある運転曲線（ランカーブ）といわれるデータを参考につくられています。運転曲線というのは、2駅間の距離や曲線部、勾配など線路の特徴が記載され、さらに事業者の車両データをもとに加速・減速情報を加味し、列車がその区間をどのくら

スタフは運転台に置いて確認した

いの時間・速度で走るかの情報が掲載されたグラフのことです。この運転曲線が表したとおりに運転できるかどうかがダイヤを守ること、定時運転ができるかどうかにつながります。

「ダイヤのとおりに運転すればいいだけなら、列車運転は難しくない」と思われてしまいそうですが、ダイヤはあくまでも基準となるデータでしかありません。しかし実際の運転に際しては、車両ごとの特性の違いや、天候はどうか、電圧はどうか、はたまた乗車客数はどうかなどシチュエーションが変化します。駅に関しても、100駅あれば、それだけの運転曲線がありますす。ですので、運転士は、さまざまな要因に対応できる運転技術の習得が求められますし、実際に日々PDCAを繰り返しながら業務に取組む必要があります。なおかつ、運転時分だけではなく、乗り心地、省エネ運転といった要素も加味しなければなりません。

運転を構成する三要素

列車の運転操縦は「力行」「惰行」「制動」の基本三要素と呼ばれるものから成り立っています。ダイヤもこの三要素から算出されており、基本三要素のなかには、蒸気機関車の時代から培われてきたテクニックがたくさんあります。すべてを語ることが難しいのは百も承知なのですが、発車から到着までの流れで、アナログな運転の仕方を見ていきましょう。

(1) 力行(りっこう・りきこう)

自動車でいうアクセルを踏む、つまり加速のパートです。左手にあるマスコンノッチを投入すれば動き出しますし、ワンハンドル車では、レバーを手前に倒せば加速が進みます。列車を動かすだけであれば、誰にでも可能ですし難しくはないのですが、運転士は、ほんの数分の間にさまざまなことを考え、情報処理を行っているのです。

①起動〜加速性能把握

はじめに、車掌がドアを閉じ、運転士は発車合図を受けてから列車を起動します。まずは、いかに衝動のない発進ができるかどうかです。一般的に抵抗制御車両とよばれる古い電車などでは、たとえばノッチをフル投入すれば、急な起動力の上昇によって、衝動が発生します。ですので、なるべく衝撃を緩和するよう、１ノッチを投入しつつ、ゆるやかに加速していく手法があります。

このような手法は電車だけでなく、古くから機関車の衝動防止にも使われており、１ノッチ投入についてはさらに慎重です。ブレーキを少しだけ残しながら1ノッチを投入することで、徐々にブレーキをゆるめて起動が安定したところからノッチアップしていく、というような順序で丁寧に力行しながら衝動を防ぐようなテクニックを使います。機関車は電車とは異なり、動力集中方式（たとえば、先頭の機関車のみの動力で、付随する客車や貨車を牽引するかたち）になっていますから、後方の客車部分のすべてが動き出してからノッチを進めていくという方法です。

また、加速しはじめると、運転士は運転する列車が持っている加速度の特性も把握しなければなりません。ＭＴ比（モーターが付いている車両とそうでない車両の構成比率）が高い、普段と比べて速度が速い、ほかにも電圧、乗車客数など、状況に応じて細かい違いを把握しながら進めていくことが必要です。もちろん「今こうなっているから、このようにしなさい」というガイドもないので、運転士が自らの経験で感じ取らなければなりません。

②空転抑制

加速時に車輪踏面が噛み合わず車輪が空回りする現象が「空転」で、特に雨天時などに発生しやすくなります。空転の際は、意図的にモーターの電流を一気に出さないように「刻みノッチ」というテクニックを使い、普段自動で行われているカムの進段を意図的に調節していきます。なお、国鉄時代の電気機関車においては、そもそも手動進段でありましたから、運転台にある電流計を見ながら一つずつノッチを進めていました。

特に蒸気機関車を運転する際の空転は、最も注意しなければならないことの一つです。空転によって、火室内の火床が損傷してしまうなんていうこともあったようです。空転対策のためには、レールへ散砂することや、セラミック粉を噴射することで摩擦力をあげる方法があります（このあたりは、大井川鐵道の坂下さんとの対談に詳しい）。

③ノッチオフ

それからノッチ投入したときだけではなく、使い終わってオフするときの衝撃も抑制しなければなりません。抵抗制御の車両で、フルノッチを投入したのち、高加速状態でノッチをオフしたときに急激な加速度の低下によって衝撃が大きくなります。それを防止するためには、闇雲にノッチを入れるのではなく、速度に見合ったノッチを入れます（車両性能にもよりますが50㎞／hであれば3ノッチなど）。VVVF制御車両では、ノッチオフ時の衝動を抑制する仕組みがある場合もありますが、古いタイプの抵抗制御車両では加速時に電流の急激な変化が発生するので、このような影響が顕著に出ます。現代のVVVF制御車両においては、車両性能向上により衝撃はさほど大きなものではなくなりました。

そして、ひととおり力行を終えた後、いよいよ惰行のフェーズに入り、運転時分に応じたノッチオフが必要なタイミングです。どれだけ遅延しているかによって、オフする速度が変わってきます。たとえば通常だと60㎞／hでオフするところが、10秒遅延しているので70㎞／hまで速度アップなど。しかしこれはあくまで一例に過ぎず、「○秒遅れたら×㎞

／ｈアップ」といった単純なものではなく、駅までの距離や車両特性、線形によっても変わります。日々の運転で運転士経験値を積み上げていく必要があります。

（2）惰行（だこう）

２つめの要素は「惰行」といわれる、力行後の状態です。列車は、車輪とレールとの摩擦力が低く、操作をしなくとも長距離を進んでいくという特性があります。「力行」も「制動」も操縦が必要ですが、「惰行」においては手を動かす場面が少なく、どうしても集中力が低下しがちです。しかし、そのフェーズをどのようにうまく使うかが大事です。

①惰行性能把握

摩擦力が低いとはいえ、惰行でいつまでも同じ速度をキープできるわけではなく、速度は徐々に落ちていきます。減速の原因は、列車自体にかかる「列車抵抗」です。摩擦力そのものもありますが、強風や上り坂、列車の重量による抵抗ですので、条件によって操縦を修正していきます。下り勾配ではマイナスの抵抗を利用して、力行せずに速度を上昇させていくことも計算できます。

惰行の間は、無駄な電力を使わない省エネ運転になります。

かつて貨物列車では、１回の力行だけで、惰行を利用して、何十㎞先の停車駅までを行ったことがあったそうです。「いかにうまく転がして（惰行して）いくか」と、先人の機関士たちは腕を競い合ったそうで、その考え方は現代の運転でも大きく変わっていません。

②速度制限

ずっと惰行によって駅まで進んでいくという単純な線形でしたら計算はしやすいのですが、国内の路線の多くには曲線があり、その曲線部には制限速度が設けられています。ほかにも分岐器や勾配などによる制限速度がありますので、それらにあわせた運転をします。もちろん速度制限手前でブレーキを投入して制限以下の速度にするでしょうが、むやみに区間の最高速度まで上げるばかりの運転ではなく、力行時に必要な速度まで上げて、列車抵抗だけで減速しながら、速度制限到達時にはノーブレーキで制限以下になるような運転が求められます。逆にいえば、遅延している場合には普段惰行している区間を最高速度でキープして、速度制限にあわせてブレーキをかけることで、遅延を回復することができます。

(3) 制動

3つ目の要素である「制動」はいわゆるブレーキのことです。ブレーキが運転技術のなかでも最も難しいといわれ、運転士の技術力が発揮されると同時に、技術の差が出やすいところです。特に停車ブレーキでは、うまく操縦することが運転時分の短縮に直接つながります。停車ブレーキは、時間でいうと数十秒ほどの出来事なのですが、その数十秒の間に、運転士はさまざまな判断をくだしています。

①ブレーキ開始位置

鍵は、どれだけ無駄なブレーキをかけずに止まれるかということです。通常、運転士は駅ごとに概ねブレーキ開始位置を決めています。たとえば「定時で運転していたなら90㎞／hであれば○○電柱からB5(電気指令式ブレーキのステップ数)」のようなかたちです。

ところが、これが遅延した状態で停車ブレーキをかける際、いつもの電柱の位置から同じようにしては遅延回復できません。そのため、同じ速度でも1本後の電柱からブレーキをかけ、その際5ステップよりも強い6ステップ、というようなブレーキングを行います。

この場合、通常の減速度より高くなるため、体感としてもかなり突っ込んだ感覚なので、慣れるまでは怖さも感じます。ですが、確実に高い減速感をつかむことができるのであれば、時間短縮のチャンスでもあります。

②ブレーキ時の衝動と滑走抑制

現在の電車では回生ブレーキが主になってきていますが、発電ブレーキでは電気を使うこととなりますので、「力行」のように電流値が小刻みに変化し、衝動を感じます。ＶＶＶＦ車両でも回生ブレーキ時に電流値の変動はありますが、変動は小さくなります。

また、「力行」のパートで書いた「空転」の問題のように雨天時などは滑走しやすく、ブレーキ力が低下してしまいますので、運転士はかなり慎重な運転を行います。降雪時ともなれば最大限の注意をはらった運転操縦となります。空転時と同じく、レールと車輪踏面の間に雨雪が介在し、摩擦力が低下することでブレーキが効きにくくなります。ほかに車輪とブレーキシューの間に雨雪が入ることでブレーキ力が落ちることもあります。

③減速度把握

通常のブレーキ中も、どれだけ減速しているかは五感で確認しますし、必要があればブレーキ力の微調整を行います。足りないと思えばすぐ追加、余りそうなら減圧、といった調整です。雨天時ともなるとブレーキ開始位置もかなり手前からとなりますし、停車ブレーキ中も神経をとがらせます。

ブレーキ力は、編成によって異なります。異なるブレーキ力を運転士自身が感じ取り、あわせてブレーキ操作を行うのですから、いかに人間の感覚が優秀なのかがわかります。そして、この感覚に、なおかつ鍛錬を重ね、1㎞／h単位の誤差を感じつつ、細やかに運転をしていきます。

④停車時

ブレーキ開始時は停車位置まで数百mという距離だったものを、速度を低下させ、いよいよ1㎝単位の誤差を詰めるところです。

停車直前のブレーキは、失敗すれば大きな衝動になります。7段階ある電気指令式であれば、間に合わないからと一気にB7に投入、あるいはブレーキ力が足りるからといって急激な減圧をしてしまえば、乗客の転倒につながってしまいます。

ブレーキは、階段的にゆるめていくことで、自然な停車につながります。自動空気ブレーキが主であった時代には、一度ブレーキ力を大きく決めてから徐々にゆるめていくという引き算の考え方でした。その名残で現在の電磁直通や電気指令式でも大きなブレーキから減圧していくゆるめ方が使われているケースが多く見受けられます。そのためには高速度と同じく、細かな減速度を感じる力が求められ、タイミングを計りながらブレーキを調整して停止位置を迎えていきます。

ワンハンドル。奥に押し込めばブレーキだが、一気にＢ７に投入すれば乗客の転倒につながる。手前に引けば力行

ただ、車両の特性や天候などの要因で、ブレーキが一発で決まらないことはしばしばあります。その場合は改めてブレーキをかけなおし、最終的にはショックなくきれいに停車することをめざします。

最終的な停車時には、車両先頭（連結器など）を停止位置目標にあわせます。ここに誤差なく止めることが理想です。

ＶＶＦ制御の登場により、今まで運転士が行っていた操縦技術を機械がまかなうことも多くなりました。ほかにもさまざまなかたちで運転を支援する装置や自動化が進んできています。将来、求められることが簡素化していくなかで、「力行」「惰行」「制動」といった緻密なテクニックを持ち合わせる運転士がどれだけ残っていくのでしょうか。

列車運転をコントロールする「運転指令」と「駅」

運転士による列車操縦、列車制御のほか、運転士を取り巻き、列車運転をコントロールする存在である「運転指令」と「駅」について紹介します。

（1）運転指令による列車運転管理

大規模な列車運転システムの頭脳といってもいいのが運転指令です。とくに列車遅延でダイヤが乱れた際に必要とされる高度な判断力を担っています。

駅や踏切だけではなく、車両の不具合による急遽の停止、線路支障など、どこかの駅や駅間であらゆるアクシデントが発生します。時間によっても走行している列車本数や車種も異なります。その、何とおりもの状況に応じて指示を出すのが運転指令です。

運転指令員は、遅れた列車を中心に全体像を把握、瞬時に代役となるダイヤをつくり出し、運転士に通常とは異なる運転方法（運転間隔調整、折り返し駅や行先種別、発車時刻の変更など）を指示し、平常運行に戻すための「運転整理」を行います。

現在はコンピュータによる運転整理支援システムが開発され、自動で復旧ダイヤが作成される場合もあります。とはいえ、複雑な路線網においては、熟練の指令員の技術・判断力がコンピュータを上まわるケースが多く、結果として運転指令にはいまだに人の力が必要となっています。

(2) 駅の信号機・転てつ器での制御

駅には、駅窓口のやホームに立つ係員だけでなく、駅に進入・進出する列車や入換運転による信号機・転てつ器（ポイント）の制御を扱う運転係員がいて、「駅単独てこ扱い」（連動制御盤を駅運転取扱者が操作をすること）を行ってきました。「駅単独てこ扱い」は、人力で行ってきた業務ですが、システムの発展とともにさまざまな省力化が図られてきました。たとえば、運転指令所や列車制御所が各駅で行っていた列車発着を指示する信号、ポイント切り換え、列車位置表示などの業務をまとめ、列車運行を集中管理・制御するシステムCTC（Centralized Traffic Control：列車集中制御装置）です。

CTCの導入は意外に早く、1954（昭和29）年に京浜急行電鉄の久里浜線や名古屋鉄道の小牧線で導入されました。東海道新幹線においては、1964年の開業時より導入されています。

後に、CTC装置にPRC（自動進路制御装置）が付加されて、信号扱いを自動化する路線も出てきました。現在では日本の多くの路線でCTC化がされていますが、いまだに「駅単独てこ扱い」を行う停車場もあります。

CTCの普及が進むなかでも、人力で行われる業務は多く、さらに効率的な運行を図るためにPTC（Programmed Traffic Control：列車運行管理システム）という列車ダイヤ情報を記憶させる装置をつけて、駅の連動装置だけでなく行先案内掲示器を自動制御する装置もあります。

たとえば駅長には、本来、駅構内の信号操作や出発合図を出すといった運転取扱業務があります。つまり列車を発車するには、駅長の合図が必要だったのですが、駅には制御装置があり、出発信号機の現示も制御されています。最近ですと、片手を挙げて出発合図をしている駅長の姿は、セレモニーなどで見られます。

定時運転へのこだわりと、受け継いできたDNA

1秒へのこだわり、定時運転への責務

鉄道の運行にあたって最も大切なのは「安全」ですが、その次に大切なことは「定時運転」です。鉄道にとってはダイヤが「商品」であり、特急、快速、普通と、種別や行き先が「品揃え」になります。そして、普段気にもしないほど当然に、時間どおりに乗りたい列車が目の前に到着し、定刻発車すること、「定時運転」こそが「サービス」です。日本の鉄道は定時運転に力を入れていますが、果たして運転士はどのようにして定時運転を守っているのでしょうか。

巨大な鉄道システムの最前線で、運転士の「1秒」へのこだわりは尋常ではありません。皆さんが電車を利用するときに見る「時刻表」は分単位での掲載になっていますが、運転士が持つ「時刻カード」（スタフ）には駅発着時刻が基本的に5秒刻みで記載されています。運転士は「時刻カード」の時刻を基準にして、駅に到着するたび時計を確認し、「3秒早

かった」「7秒遅れた」というように計測しています。そして、発車後は運転しながら時刻を調整するようにし、次駅到着時にピタリと時刻をあわせる。このようなことを繰り返しながら、日々運転しているのです。それは闇雲に運転してたまたま時間どおりだったというのではなくて、たとえば「普段は駅発車後80㎞／hまで加速しているが、区間最高速度が85㎞／hだから83㎞／hまで出そう」「駅進入時のブレーキ力をいつもより10m奥でかけて強めに持つことで時間を詰めよう」など、普段行っている基本の型から調整していきます。もちろん担当する区間の信号、カーブ、勾配、分岐器、何百箇所にも及ぶ線形の特徴をあらかじめ把握し、それにあわせて秒数を揃えていくのです。

私が以前に所属していた名古屋鉄道の名古屋乗務区という職場は担当区間165・1㎞、100駅を超える区間を担当しましたが、それぞれの特徴をすべて覚えておく必要があります。そして、私は名古屋鉄道の運転士を引退してから数年が経ちますが、目をつぶっていても、いまだに各地の線形や制限速度がうかんできます。それほど運転士の体には線路の情報が事細かに染み込んでいますし、それをどのように乗りこなしてどのように時刻を調整していくかは、まるで競技のようにも思えたりします。

たった10秒、されど10秒

乗車されている方のなかには「たった10秒遅れたくらいで」と思う方も多いかもしれません。しかし、10秒の遅れが10駅積み重なれば1、2分もの遅れになります。その遅れは、自身が運転する列車だけが遅れるのではなく、閉そくの仕組みで運行している列車では、運行本数の多い都心や朝ラッシュ時などは特に、後続の列車でも定時運転ができずにズルズルと遅延する可能性があるのです。1秒も遅らせないという運転士個人の運転技術もさることながら、職場全体で定時運転を守っていこうという団体戦でもあります。当然、運転士以外にも車掌や駅係員、指令員など多くのメンバーが全力で取組みます。個人プレーだけではないチームプレーが日本の鉄道の定時運転を支えています。

定時運転に大きく影響する外的要因もあります。日常的に運転士を悩ませるものが天候で、特に雨や雪は「空転」「滑走」という現象を引き起こします。空転は力行（加速）時に発生するスリップ状態のことで、滑走は、反対にブレーキ時に車輪がロックし車両が滑ってしまう状態のことです。車輪もレールも鉄でできているので踏面の摩擦係数が低く、自動車などに比べて「空転」「滑走」しやすいのです。

車両の特性によっても運転方法は異なってきます。車種ごとに規定のブレーキ力や加速度が違い、同じ系統だとしても車両部品の消耗具合によって個性がありますから「〇〇系の××番はブレーキが甘い（効きにくい）」といった会話が運転士同士で飛び交います。ほかにも編成数やラッシュ時の乗客数、さらには架線の電圧まで、これらが運転士の定時運転を妨げる要因となるわけです。これだけの条件が重なれば、一概にイメージどおりにいくわけはなく、遅延が発生することも少なくありません（むしろ理論上あるいは安全面を考慮して取り返せない遅延になることもあります）。しかし、１分の遅延程度であれば運転士は取り返そうと努力しますし、多少の悪条件は織込み済み、というのも運転士の技です。

遅れていると急ぎたくなるのは当然ですが、何よりも安全が土台にあるわけで、それを冒してまでの定時運転の確保というのは本末転倒です。安全と定時運転、この２つのバランス感覚が運転士に求められる大事な素養で、見習生の教習所（研修センター）や師匠（教導運転士）をはじめとする先輩からも教え込まれる部分でもあります。

とはいえ、非常事態があればすぐに停車できるよう心構えもしておきます。なにより定時運転を守りたい、しかし不測の事態があれば、遅れもいとわずにすぐに列車を止める……簡単なようですが、このような感覚を保ちながら１秒にこだわって運転を行っています。「定時運転」という鉄道会社の「サービス」へつなげるべく、運転士がかなり気を張り詰めて運転していることがわかっていただけるかと思います。

「師匠」から受け継いできた運転士のDNA

ここまで書いてきた運転士の技術ですが、その技術の習得の方法について紹介します。

運転士は、辞令が発令されてすぐに、1人で運転（単独乗務）をするわけではなく、数々のステップを踏んでいかなければなりません。事業者によって異なりますが、見習い期間は8〜10カ月程度で、期間の前半は学科（研修センター・教習所での座学がメイン）、後半は実技（実際の列車を使っての訓練）を行います。

学科においては、同僚たちと席を並べることも多く、ある種学生生活を思い出すような雰囲気です。

学科試験を通過し実技に進んでも、すぐに自分の手で鉄道を運転することはなく、「指導運転士」と呼ばれる人の下で「運転士見習」となります。マンツーマンで実技を学ぶ師弟制度で、指導運転士は「師匠（先生）」、運転士見習は「弟子」と呼ばれたりします。

弟子は、実技の最初の1カ月は、運転する師匠の横について師匠の動きを観察します。見ることで、指差称呼や制限速度の箇所、ブレーキ操作の位置など多くのことを学んでいきます。学科と違い、営業列車を使うこともある実技では、師匠も弟子もともに緊張感が高まります。

1カ月ほどしてようやく、弟子は、師匠の補助を受けながら、運転席に座ることが許されます。私の場合、はじめてハンドルを握ったときに、それまで学んできたすべてがすっとび、頭が真っ白になってしまいました。何トンもの大きな車体がハンドル一つで動いてしまうのです。そして、運転室の後ろにはたくさんの人々が乗車しているのです。数カ月もの期間学科を受講し、師匠の隣でメモを書いて勉強してきたにもかかわらず、それが文字どおり「机上の空論」に思えた瞬間でもありました。

それから先は、師匠がハンドルに手を添えながら、弟子にブレーキの感覚を教えていきます。弟子も徐々に慣れ、それまで学んできたことが身を結びはじめます。「あぁ電車ってこんな感じで動くんだ」という感覚を得て、自分のハンドル操作によって電車が動くことが「手応え」になっていきます。ひととおりの所作や操作方法ができるようになってくると、師匠の補助なしでもハンドルを動かせるようになっていきます。

1カ月やそこらでマスターできるほど、鉄道運転は甘くはありません。覚えたての速度や信号の位置、指差称呼など、基本をおさえるだけで手一杯なことに加えて、車種や形式によって列車のブレーキ力・加速力は違うわけで、さらには天候、乗車人員、電圧にいたるまで、さまざまな要因が運転に影響を及ぼし、鉄道運転の難易度を上げてきます。加えて緊張感からくる疲れ、師匠の「なんでできないんだ?」という苛立ち……私が弟子だった頃は、この実技の2~3カ月が、肉体的にも精神的にも過酷な時期でした。

師匠は弟子に、運転操縦の軌道修正を行いながら、感覚を伝えていきます。特に個人差が出るのはブレーキの方法ともいわれます。早めに大きくブレーキを加圧し段階的にゆめる人もいれば、相応しい圧力を加えた後に不足したブレーキ力を追加していく人もいるなど、操作のし方はさまざまです。弟子が単独乗務となった直後は、師匠からの教えのとおりに操縦します。キャリアを重ねた後には、さらによいブレーキ手法をめざして多少の改良を加えることもあるでしょうが、その基礎には師匠から伝えられたブレーキングの技術があるのです。

運転士見習としての実技の間、事故につながりそうな危険な操縦があったときなど、師匠がすぐさまブレーキをかけ、弟子を叱責することもあります。強い叱責を受けたときなど、弟子は不満を感じるものですが、人命を預かる運転士にとって誤った行為がいかに危険であったかを教わることは、単独乗務後で同じようなシーンで反芻し、そのときに師匠が怒ってくれた意味を実感し、安全の大切さを改めて認識することになります。

師匠から受け継ぐことは、運転テクニックだけではありません。宿泊勤務の際に食事や風呂をともにし、勤務終了後に乗務中の復習や質問、ときには業務がうまくいかないことへの悩みといった相談を親身になって受けてくれます。

コンプライアンスを重要視する昨今においては、部下への過干渉やサービス残業はハラスメントにあたってしまいます。現在では、そういったコンプライアンス対策の一環として、指導運転士の持ち回り制（一定期間で別の指導者に交代する）もあると聞きます。

私が弟子だったときも、辛いことがたくさんありました。自身の未熟さに嫌気がさして涙を流したことも何度もありました。でも師匠は、運転技術のみならず鉄道マンとしての生き方をも教えてくれる存在です。ただの上司というだけではありません。見習い期間が終わっても師弟の関係はメンター制度のように継続していきます。

師匠は、私にとって鉄道の基礎を養ってくれた存在に変わりありません。自らの労力や余暇を削って付き合ってくれた師匠とともに過ごした運転士見習としての経験はとても貴重であったと、今も思います。

弟子は一人前となった後、数年後には誰かの師匠になり、技術を継承していくことになります。そしてその弟子もまた誰かの師匠になり……鉄道運転士のＤＮＡは脈々と受け継がれていきます。業務マニュアルでは残せない、鉄道の意志や魂のようなものさえも、脈々と受け継がれていく気がします。

歴史ある安全動作「指差喚呼」

「出発進行！」というかけ声とともに、白い手袋をした手をピンとのばす運転士の姿は、見ていてカッコいいものです。これはパフォーマンスではなく、事故やエラーの発生を未然に防ぐために、対象物の方向を指差してその名称や状態を発声して確認する安全確認動作です。「指差喚呼」と呼ばれ、私の在籍していた名鉄では「指差称呼」と呼んでいました。「指差呼称」としている鉄道事業者もあるようです。発声方法や動作方法などもそれぞれ少しずつ異なります。

もともと、「指差」と「喚呼」は別のものでした。

まず「喚呼」については、鉄道創業の時期から「信号喚呼」というのがすでに行われており、機関士が信号の現示（列車または車両に対してそのとき現に示されている信号の指示を示す鉄道用語）を声に出して確認することを行っていたといいます。喚呼応答は機関士と機関助士が乗務する機関室にて、機関助士が「第3閉そく」と信号機名をいったのち、機関士がその現示を見て「第3閉そく進行！」と応答します。そして機関助士が「進行！」と声をあげてダブルチェックを行う方法です。

起源としては、今村一郎著の『機関車と共に』（ヘッドライト社、1962年）に、明治末期に「目が悪くなった機関士の堀八十吉が、機関助士に何度も信号の確認をしていたのを、同乗した同局の機関車課の幹部が、堀機関士が目が悪いことに気がつかずに、素晴らしいことであるとしてルール化したもの」とあります。その後『機関車乗務員教範』（神戸鉄道管理局、1913年）に「喚呼応答」として登場しています。そして、『運轉取扱心得　大正13年12月達第913号』においては「第三十九條　機關士ハ其ノ進路ニ於ケル信號ヲ注視スベシ」とだけあったのが、1947（昭和22）年に改正された際に「第三百四十條　機関士と機関助士が信號を確認したときは、相互にその現示状態を喚呼應答しなければならない」という条文が追加され、声を出して確認するということがルール化されたことがわかります。

「指差」については、昭和初期に、乗務員が自発的に信号喚呼に指差を併用しはじめたものでした。1970（昭和45）年になってからの東京西鉄道管理局電車乗務員執務基準規程において、「第11条 信号の喚呼は、指差して行うものとする」と、ルールとして明文化されました。それからJR発足後にも各社の規定類のなかで明記されており、全国の鉄道事業者の間で広く使われるようになっています。また鉄道以外の業界、たとえば建設業や工場などでも指差確認は広く使われており、労働災害防止の側面などで役立てられています。

では実際には指差喚呼で何を確認しているのでしょうか。事業者ごとに確認方法や対象物は異なりますが、最もポピュラーなところでは「信号機」の現示確認かと思います。先述した指差喚呼のルーツともなる「信号喚呼」は、もともとは声に出して信号現示を確認することでした。鉄道の信号機は前方の列車の在線状況によって赤や黄に色が変わることがあるので、現状を指差喚呼します。ちなみに「出発進行」という言葉は運転士の掛け声として有名なところですが、実はこれは単に気合いをいれているだけではなく、「出発」信号機が「進行」信号（G・青）を現示している、という指差喚呼で、「出発注意」（「出発」信号機が「注意」Y・黄色信号を現示）や「場内停止」（「場内」信号機が「停止」R・赤信号を現示）などと同じ使い方です。

同様に、スイッチ類やランプの点灯（「消灯ヨシ」「入ヨシ」）といった現況を指差喚呼することも多く、特にスイッチ類は、自分で操作してからその状況を確認して「ヨシ」「オーライ」と喚呼したりします。また、圧力計や速度計など条件によって変化する対象物には「ヨシ」だけではなく「圧力８００」などと数値を読み上げたり、また運転席にかける時刻カードの駅名や時刻などを指差しとともに読み上げたりすることもあります。ほかにも標識類や封印シール、防護用具などがあるべき場所にきちんとあるかどうかを確認する場面でも活用されます。

鉄道運転士でなくとも指差喚呼を

指差喚呼は、大きな声で指差しをするので、慣れるまでは少し気恥ずかしいような感じもします。そして動作がシンプルゆえに、軽視されてしまうこともあります。しかし、業界では、ミスや労働災害の発生確率を格段に下げることができるなど、大きな効果があることが知られています。また、指差喚呼を行うことは、指差喚呼をしない場合と比較して、エラー率が６分の１に低下することも、鉄道総合技術研究所が１９９４（平成６）年に行った実験でわかりました。実際にやってみてもわかりますが、①目で見て　②腕を伸ばして指差し　③声を出して　④その声を耳で聞く　と、あらゆる感覚を使って確認をするので、意識が高まります。また、列車の運転は座ったままでいるので、適度な運動が健康維持にも効果的です。余談ですが、私が在籍していた名鉄では指差喚呼が上手な運転士を表彰する制度があります。指差喚呼には、乗客にしっかりと確認していることを示す「見せる安全」という意味合いも含まれています。

私は、運転士を引退した今でも、メールチェックや書類の確認などの他業務に指差喚呼を活かしていますが、鉄道マンとして馴染んできた動作ですので、何ら違和感はありません。しかし、ほかの方々にとっては、声を出して確認することに少し照れがあるようです。最近、インターネット上では「現場猫」という指差のポーズをしたキャラクターがブームとなり、今では各企業・団体とのコラボまでされています。どんなかたちであれ、指差喚起が一般層に浸透し、認知度が高まることはとてもよいことだと思います。指差喚呼は、長い鉄道の歴史から生み出されたすばらしい安全動作ですので、ぜひ一般にももっと周知され、皆が気後れすることなく使うことができれば、オフィスワークなどでも重要なミスを防ぐことができるようになるのではないでしょうか。

大事故のなかにあるさまざまな教訓

小さな頃から乗っていた電車の事故

私にとって特別な思いがあるのが、平成最悪の鉄道事故といわれるＪＲ西日本の福知山線脱線事故です。２００５（平成17）年４月25日に発生し、１０７人が死亡、５６２人が負傷するという大惨事でした。

福知山線には子どもの頃からよく乗って、先頭車から前方の様子を見ることを楽しみにしていました。事故当時私は、自宅から福知山線直通の学研都市線を使って通学をしていたこともあり、事故のことはよく覚えています。同志社前行き快速列車（７両編成）が、塚口～尼崎間のＲ３０４ｍ右曲線を速度超過で進入し、先頭列車が左に転倒し脱線、続いて２～５両目も脱線、先頭２両はマンションへ激突し、原型をとどめないかたちで大破しました。曲線の制限速度70㎞／ｈに対し、46㎞／ｈ超過の１１６㎞／ｈで突入したために、曲がりきれず脱線してしまったのです。

事故を起こした運転士は、普段私の利用する路線を運転していて、私や私の家族の身に起きてもおかしくない事故だったこと、私と同じ関西大学からも犠牲者が出たことにも驚きましたし、人ごとには感じられませんでした。

事故直後、運転再開までのおよそ2カ月間、関西圏の鉄道ネットワーク、とくにアーバンネットワーク（JR西日本が当時使っていた京阪神近郊エリアの愛称のこと）では、慢性的なダイヤ乱れが起き、私自身も通学の際は30分も早く家を出るようになりました。

当該運転士と同じ目線から改めて知る重大さ

それから数年後、私は鉄道会社に入社し、奇しくも当該運転士と同じ免許を取得することになりました。各指導者からは「安全」について、たくさんの指導がなされてきました。

私は当該運転士と同じ職種に就き、運転の知識や技能を習得するにつれて、事故発生時の、学生だった頃に受けたショックとは別の種類のショックを受けることになります。あの事故がどれほど危険な運転だったのか、そして私は絶対に同じ事故を起こしてはならない。数年越しで、当時の重大さを改めて思い知ることになるのです。

脱線事故をきっかけに、ルールも大きく整備されてきました。この事故を受けて、ＪＲ西日本では、当該事故区間を含めたＡＴＳ装置の配備を進めました。２００６（平成18）年10月に「運輸安全一括法」が施行され、輸送の安全性の向上に向けた取組み、企業内に安全文化を構築・醸成させることが強く求められました。鉄道事業社各社においては、安全管理規程を定め、国土交通大臣に届け出ることが義務付けられ、安全にかかわる体制も今一度整備されました。

なぜ止まれなかったのか

はたから見れば、運転士が真っ先に停止措置をとれば大きな事故にはならなかったのではないか、とも思えます。しかし、当該運転士にとっては、列車を止めることは、簡単なことではなかったはずです。当時のアーバンネットワークのダイヤは、並走他社に対抗して少しでも早く運転するために秒刻みのダイヤ構成になっていました。プレッシャーもかかっていたことでしょう。定時運転への固執が、本来真っ先に守るべきはずの「安全」を揺るがすことになったのかもしれません。

列車を停止させるという独特の緊張

私も免許取得後に、はじめて運転中に直前横断の通行人を発見し、非常ブレーキを投入したときの記憶は、長い月日が経った今でも忘れることができません。幸い事故には至りませんでしたが、それはよい判断ができたという思い出というよりも、私1人だけの裁量で120㎞／hで走っていた電車を停止させたことに、とてつもない緊張感を覚えたという記憶です。非常ブレーキを投入した後の急激な減速感と数秒後の停車時の衝撃には、筆舌に尽くし難い独特の感覚があります。

大事故に至らないまでも、小さなヒヤリとする事象の経験もいくつかありました。そんなときには、福知山線脱線事故の悲惨さを反芻して、絶対に起こしてはならないという自戒の念を込めるのです。

本来、非常ブレーキで列車を停止させなければならない不測の事態が発生したならば、いくら遅延を出してでも、躊躇なくブレーキを投入できるほうがよいでしょう。そのような意味では、定時運転ももちろん大切ですが、たとえ遅延が発生したとしてもそれを許す寛容な会社風土と社会環境が望ましいと、私は思います。

鉄道の歴史は事故の歴史でもある

日本の鉄道の安全は世界各国と比較しても、かなり高いレベルであるものの、鉄道開業から１５０年の歴史のなかでは、福知山線脱線事故のほかにも、数々の大事故が発生しています。たとえば１９６２（昭和37）年5月に起きた三河島事故は死者１６０名、負傷者２９６名に及ぶ大惨事でした。この事故は、ＡＴＳの普及や防護無線装置の開発を早めるきっかけになりました。事故のたびに、鉄道事業社各社においてソフト面・ハード面ともに安全対策がなされてきたことも事実です。

定時運転・速達性は、乗客への利便に寄与する価値あるサービスであることには間違いありません。しかし、すべての鉄道運行の考えの土台は「安全」である、それが逆転することは決してあってはなりません。先人たちが残した苦い経験を教訓とし、後世に安全をつなぐ。未来の鉄道運転がどのようなかたちになったとしても、悲惨な運転事故が二度と起きないよう心から祈るばかりです。

対談 2 × 元JR東日本運転士

電車の運転士が語る運転現場の臨場感

著者自身も名古屋鉄道での運転経験がありますが、元JR東日本運転士と、鉄道運転の腕の見せどころや運転時の頭のなかのこと、電車を運転する際に大切にしていることなどについての話に花を咲かせました。

「ブレーキ」が腕の見せどころ

西上　私は、名古屋鉄道で運転士をしていました。島野さん（仮名）は、JR東日本の運転士でしたが、運転士としての腕の見せどころについて教えてください。

島野　「ブレーキ」が腕の見せどころでした。ブレーキスタイルは、1段制動、3段以内に分けて緩解するスタイルです。ホーム進入するときに「ここ」と決めた箇所で大きく投入していました。

西上　「1段制動・3段ゆるめ」というのは、いわゆる自動空気ブレーキが主流であったときの方法で、ブレーキの基本形ともいえますね。一発で大きなブレーキ（B5や350kPa）を投入すればあとは段階的にゆるめるというかたちが電磁直通・電気指令式になった今にも引き継がれています。私もこの手法でブレーキをかけていました。そのほかにも「B2↓B5」のように、制動を中盤からグッと加圧して停車する手法「3段制動・2段ゆるめ」や、徐々に加圧し徐々にゆるめていく手法「階段制動・階段ゆるめ」などいくつかの流派がありますね。

島野　ブレーキの種類としては、HRD（電気指令式ブレーキ）とHSC（電磁直通ブレーキ）の2種類がありました。「楽に仕事をこなす」のであれば、デジタルなHRDの方が扱いやすいですが、技術の差が出るのはアナログなHSCでした。

なかでも、代表的な2車種、185系とE231系について、少し語らせてください。

①１８５系

国鉄１８５系は１９８１（昭和56）年にデビューした、古くからのツーハンドル・電磁直通ブレーキ抵抗制御車です。この車両に対しては、「人車一体」の感覚があり、自分と車両が合致したときにとてもよい動きをしてくれるなあと感じました。一方、この「暴れ馬」を手懐けられない場合は、運転がガタガタしてしまうような感覚はありました。

雨の日は車両の性能が際立ちますが、１８５系は意外と空転が少なかった。滑走に関しても、ブレーキを大きくかけると多少発生しますが、発電さえ立ち上がればしっかりと粘ってくれます。ただ、車体が重たい分、早めにブレーキをかけなければなりませんでした。

マニュアルな操作が多い分、直列段から並列段への挙動で調子の悪さを感じたりした際、刻みノッチにして車両に負荷をかけないようにするなど、抵抗制御車の強みというか、細かい制御ができることがメリットで、手慣れさえすれば思うように動いてくれました。

また、１８５系には自動空気ブレーキも備わっていますが、基本的に使うことはありませんでした。自動空気ブレーキは、あくまでバックアップの意味合いでした。

185系（1981年撮影）

185系の運転台（1981年撮影、試乗会にて）

②E231系

E231系は、電気指令式の車両で、185系と比べても操作は簡素化しています。ブレーキも加速も、決められたステップに投入していきます。ですので、良くも悪くも「非常に素直でブレーキもよく効いてくれる」車両で、思い描いていたように動き、ブレーキも違和感なく、レスポンスも悪くありませんでした。

情報技術の大幅な導入により制御システムを一新したE231系（2000年撮影）

また、E231系未更新車については「終速制御」というものがあり、最後、ブレーキ圧力の電制が終わって空制が立ち上がると、ブレーキ力が上がって停止してくれます。ところが更新車は

「純電気ブレーキ」で、最後にズルズルと過ぎてしまう。車両の特性ごとの予期や、なるべく早い判断が必要でした。

抵抗制御車がマニュアル車であるのに対し、電気指令式はオートマ車であるといえばそれまでですが、それでもブレーキのかけ方やノッチの入れ方一つで運転が変わることもあります。いつも「自分は職人なんだ」という気持ちを忘れずにいました。

車両の空転・滑走を検知する装置もとても優秀でした。もちろん車両によって異なる部分もありますが、たとえば雨の日であればブレーキ時に車両が揺れますが、運転台においては圧力メーターが大きな挙動をとり、滑走を制御してくれている感覚がありました。雨の日の悩みが、装置によって助けられているといったところです。

西上　運転士は、車両・車種ごとの異なる特性にあわせて運転をします。車両の個体ごとに特性があり、私の経験では、同じ系統でも電気ブレーキがまったく異なっていた、ということもありました。もちろん運転士同士で共有する「この編成だったらこのようなクセがある」という情報も大切ですが、減速G（減速力）を腰で感じたり、モーター音を聞いたり、ノッチを入れたときのレスポンスなど、目で見て耳で聞いて、運転をすることが大切であったと思います。

島野　そうですね、先入観を持ちすぎずに、五感を使って運転することが大切ですね。

西上　運転の手法は鉄道会社によっても方向性がありますが、私は、テクニック自体は見習い運転士時代に師匠（先生）に教えてもらうことで身につけました。

島野　やはり、先生からの技術伝達はとても大事です。伝統であるともいえます。鉄道運転士の仕事は誰にでもできる仕事ではあるけど、誰にでも務まるものではないと思います。

西上　師匠からの教えで、特に印象的なことはありますか？

島野　とにかく「車体は揺らすな」と教えられました。「いつ動き出していつ止まったかわからないような運転ができることを毎日めざしなさい」と。

頭のなかに、列車在線アプリ

西上　運転士は、担当する線区の線形・制限速度・踏切位置など、さまざまな情報を頭に入れています。

島野　私は、運転時分・運転状況・先行列車の状況を考えて、どの速度で走ればいいのかということを頭のなかでリスト化して、そのとおりに動かしていました。定時であれば75km／h、10秒遅れていれば5km／hアップで80km／hにしよう、というように。

西上　自分が運転している列車だけではなく、先行列車の位置も思い描きますよね。通常だと進行信号で通過できるところが、先行列車が遅延によって先の閉そく区間（一列車だけが占有して走るようにした区間）に在線していた場合、後続列車には制限がついた信号（YやRなど）が現示されます。あの列車が先の○○信号内にいるからこの信号現示なんだ、というようなことを考える。

もっといえば、先の駅に列車が停車したとき、もう1本前の列車がどのくらいの間隔で出発したか、その場合、この時間帯の乗降客数はどのくらいなのか、そうすると停車時分30秒が延びるかどうか、すぐ閉扉できるか、天候の影響はあるかなど、さまざまな状況を鑑みて、運転の仕方を細かく変えていきます。点で考えるのではなく、空間的に考えることが大切でした。

島野　私は、在線位置アプリのように、通常運行時の在線位置が頭のなかにうかんでいて、そのとおりに先行列車との間隔を考え、機外停車しないような運転を心がけていました。自身が無駄なく走行すれば、先行列車だけではなく、後続列車にもイレギュラーな信号現示を見せずに済みます。

西上　運転士がみな同じような考えになれば、列車運行の輪は乱れないかもしれないですね。

精神面がなにより大事

西上　安全・安定輸送、といったよりよいサービスを提供するために注力していたことはありますか?

島野　輸送を安定させるには自身の心も安定させなければならず、何ごとにも動じない心が大切だと思っています。技術はもちろんですが、精神面が何よりも大事。自分が飼っていた犬が亡くなった日の運転はガタガタでした。

西上　運転と精神は密接な関係があります。

島野　心身を整えること、自分が苦しくない状況をいかにつくり出すかということに重きを置きました。また、自分の運転スタイルを崩してまでの運転はしないということは決めていました。トラブルによる遅れを回復する際も、もちろん少しの無理をしてでも遅れを取り返したいという気持ちはありますが、自制をかけることができました。

西上　実際、焦りからくるエラーは多くあります。人間が操縦する以上仕方ない部分ではありますが、その後の処理で冷静になれるかがポイントです。対応に焦ってしまったが故にさらに大きな事故につながる事例は多々あります。

余談になりますが、私が指令員をしているときには、人身事故で焦っている乗務員を落ち着かせることが大きな役割の一つでした。いつでも冷静沈着な判断が求められ、とりわけ異常時には俯瞰してものごとを見る力が必要になります。

鉄道は減点方式、すべてができて当たり前

西上　鉄道は、運転士だけではなく駅・車掌・指令・施設・保線、そして本社など、さまざまな組織から成り立っています。運行については指令からの指示命令系統、指令から運転士へ運転方法の指示がある場合がありますが、運転士は、その指示に対して「こっちの方がよい」と思ってオリジナリティを出すというような業務はありませんね。

島野　運転士は各人が１人で業務をしていますが、実際はチームプレーです。それは、俯

瞰して自分の位置・立場を見て、与えられた役割を知ることで理解ができることかと思います。

鉄道システムという大きな組織のなかで、運転士という自身のポジションを自覚し、コアとなって動いているのだという立場をしっかり意識しながら働くべきだと思います。それは鉄道だけではなく、運輸業全体にいえることだとも思っています。

鉄道は減点方式で、求められるものが大きいですが、すべてができて当たり前。100点の運転に近づけるために常に改善点を探している状態です。しかしそこに粗が出てしまい「別にまあいいいや」という考えになると大事故につながってしまう。職人意識が薄れた瞬間に何かエラーを引き起こしてしまう。運転は、最終的には自分との戦いだとも思っています。

現役復帰へ！銚子電鉄・運転士への道

なぜ私が銚子電鉄で運転をするのか？

プロフィールに記載しているとおり、私は、2022（令和4）年5月に千葉県銚子市の地域おこし協力隊に就任しました。実際に銚子市に単身赴任し、東京都から住民票を移しています。

地域おこし協力隊の任務は、地元の魅力発信などさまざまですが、私のミッションは「銚子電鉄の活性化」です。鉄道業界での経験を活かして、現場の改善や、SNS等を活用したPRなどを数年にわたって行っていく予定です。

そのなかで、なぜ元運転士の私が再び現役としての活動をすることになったのか。

一つには、銚子電鉄が運転士不足である、ということです。運転士1人を養成するには多額の費用と時間を費やす必要がありますが、私であれば、すでに動力車操縦者運転免許を所持していますので、一定の訓練を終えるだけで乗務することができるのです。

もう一つには、私のミッションである銚子電鉄の活性化、特に現場改善に取組んでいくためには最前線である鉄道現場をよく知っている必要があるということです。百聞は一見にしかずという言葉のとおり、まずは自分自身が制服を着てみてわかること、運転席から眺めてわかることの多さを私は実体験として知っていますから、運転をすることに何の迷いもありませんでした。

ちなみに銚子電鉄の代表取締役である竹本勝紀社長も、「同じハンドルを握ることで社員と気持ちの共有をはかりたい」という理由から、２０１６（平成28）年に動力車操縦者運転免許を取得、自ら乗務に入っています。竹本社長のそのような姿を見ていることも、私にとっては大きな後押しとなりました。

こうして私が銚子電鉄の運転士になることが決まっていったのですが、不安を抱えているのも事実です。慣れない車両というのもありますし、改めて多くの知識を習得しなければなりません。また、なによりも、運転業務は大きな責任と隣り合わせであるということです。もし事故に巻き込まれたりしたら、という懸念がないといえば嘘になります。しかし、訓練を重ねていけば、不安も払拭できるだろうと思っています。

銚子電鉄は、ご存知の方も多いと思いますが、「日本一のエンタメ鉄道」をコンセプトに、「まずい棒」の発売など、さまざまな面白い企画を打ち出し、経営難に立ち向かっている鉄道会社です（交通新聞社新書151『廃線寸前！銚子電鉄』にも詳しい）。しかしそれも、すべては鉄道が安全に運行できているからこそ。安全の基盤となる鉄道運転をしっかり行うことで、会社としても、面白い企画とはまた別の一面を皆さんにお見せすることができるのではないか。そんなことを思いながら、免許を申請し、２０２２年6月に書き換えを完了しました。

私は、本書を含む出版やメディア、ＳＮＳで運転に関する情報を発信していますが、では運転の実地はどうかというと、かなりのブランクがあります。このようなチャンスは二度と訪れないかもしれません。竹本社長からも薦めてもらいましたし、やらないという選択肢はありません。２０２２年夏、銚子電鉄にて私の運転士としての第二のキャリアがスタートします。

いよいよ迎えた訓練の初日

電車の運転に必要な免許は「動力車操縦者運転免許」と呼ばれ、一度取得すれば更新期限などはない資格です。しかし事業者ごとに所有する車両は違いますし、線路の条件や、定められたルールも異なります。ですので、免許を持っていればすぐに運転できるというわけではなく、単独乗務を行うには、一定の習熟期間を経なければなりません。出庫点検、非常の措置、速度観測、距離目測など私が最初に運転士になる際に受けた訓練を改めて受けることになります。

そして2022年8月、いよいよ訓練の初日です。

訓練は、仲ノ町駅に併設されている車庫内で行いました。その日を迎える気分はさながら、運転士見習としてはじめて訓練についた当時と同じようでした。訓練前日は期待と緊張で眠れず（本来、睡眠は十分に取ったほうが安全上はよいのでしょうが）、そのまま朝を迎えてしまうくらいでした。

さて、訓練当日、採寸した制服に腕を通し、制帽を被ると、なんともいえない、ピリッとした緊張感が張り詰めました。余談ですが、私は、普段は血を見るのが嫌いですが。制

仲ノ町駅構内にて訓練スタート

リストに沿って確認項目の説明を受ける

服さえ着ていれば事故現場に一目散に駆けつけることができます。不思議なもので、それほど制服を着るということが精神的に大きな作用をもたらすのです。私が着用した制服は、黒をベースに2017年にリニューアルされ、制帽も角張ったタイプから丸いタイプのオールドスタイルになっています。

その後改めて、竹本社長をはじめ関係者の方々、乗務員の皆さんへ「運転士の訓練でお世話になります」とごあいさつにまわりました。本来よそもので、かつ異色な立場である私でも、皆さんは温かく迎えてくれ、少し緊張が解れました。

新人時代に戻ったような気分で出庫点検

訓練初日は、まず、出庫点検を行います。出庫点検とは、前日に運用を終えた車両が、翌日はじめて動かされるときのスイッチ類やハンドルの準備、またそれらに異常がないかを点検する業務です。確認項目はゆうに150を超え、試験の際には規定時間内（一般的に15分以内）ですべての項目を確認しなければなりません。まずは大きな関門です。

パンタグラフを上昇させ、車両の電源を入れ、運転士の目視によってスイッチ類が正し

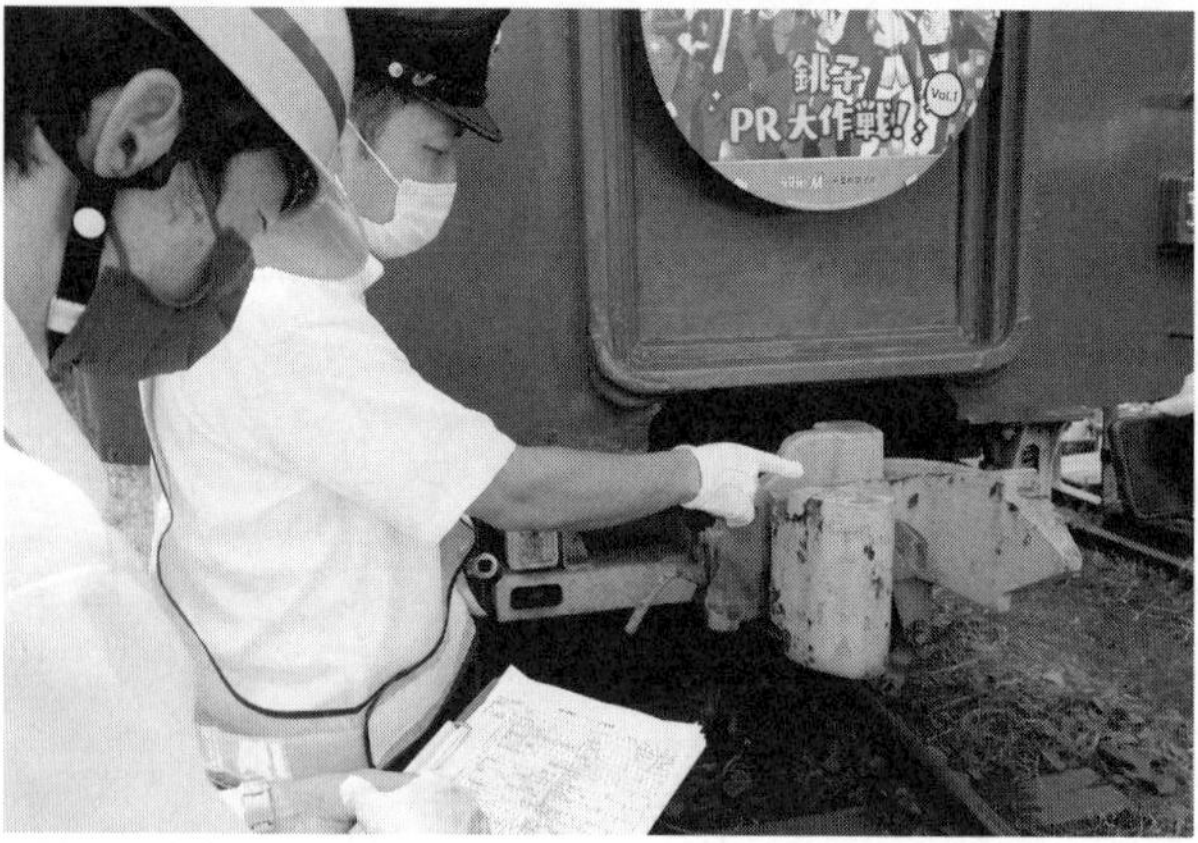

連結器の確認

く整備されているか、ブレーキ圧力に異常はないかなど、運転席を点検していきます。

次に車外へ降りて、床下機器の確認です。台車や制御器、ブレーキシューの緊締、コック類と、必要項目を確認していきます。春や秋などの季節ならよいですが、冬場の出庫点検は特に大変です。列車の始発は早朝時間が多く、加えて金属製の車両は驚くほど冷え切っています。

今回の私の訓練は真夏ですので、冬場の厳しさとは反対に、暑さとの勝負でありました。汗を流しながら、でもそれを拭う暇もないぐらいに夢中になって確認項目を点検します。以前所属していた名古屋鉄道とは車両の種類が違うために、新人時代に戻ったような気分で、一心不乱に点検に取組みました。ちなみに今回私は2両

床下点検

分を点検しましたが、車両の海側山側（進行方向の左右両方とも）及び両正面ともに確認をする必要があり、しかも足元には通常のアスファルトではなくバラストと呼ばれる石が敷き詰められていて、そこを革靴で駆けまわりましたので、予想以上に体力を奪われてしまいました。

車外の確認の後は車内に戻り、ドアの開閉や起動試験を行います。銚子電鉄はワンマン運転がベースなので、ドア扱いも運転士の点検項目です。私は車掌経験もありますが、ドアスイッチを取り扱うこと自体がかなり久しぶりでした。点検で閉扉をする際は、車掌スイッチ上部にあるボタンを押して扉を閉めますが、安全のために車掌スイッチ下部に手を添えていつでも開扉できるような動作があります。この動作は

マスコンノッチを投入

長年やっていなかったのですが、いざ点検となった際、私は自然にスイッチ下部に手を添えていました。体に染み付いた動作はいつまでも覚えているのだということに驚きました。

ハンドル訓練

出庫点検の訓練が終わると、次はハンドル訓練です。まだ訓練初日なので、いきなり営業列車を運転するようなことはなく、まずは構内で運転を行います。担当の方による手本を見てから、私の番です。デッドマン装置を踏み込み、汽笛を一つ吹鳴し、マスコンノッチをアップします。いよいよ大きな車両がガタンと起動して転がりはじめました。

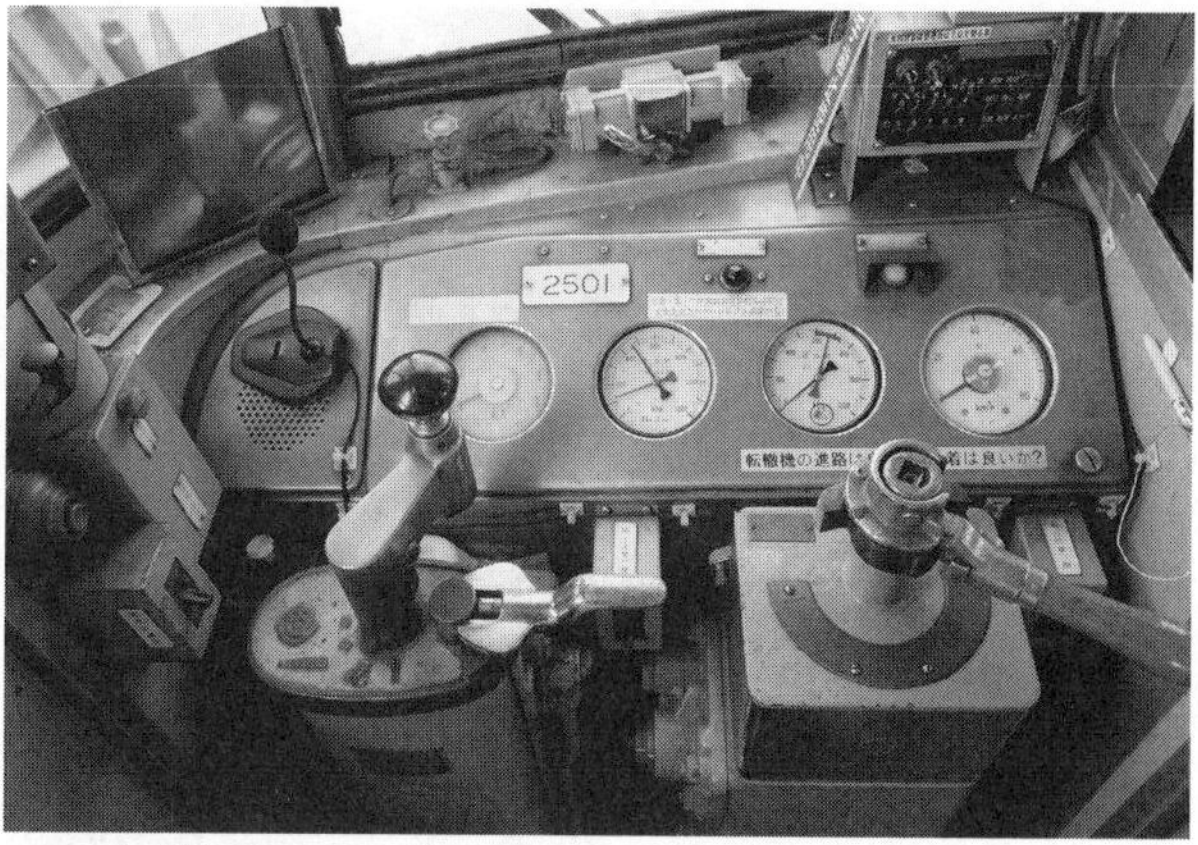

2000形の運転台。2ハンドル式

そのときに出した速度はわずか10㎞/hほどでした。最高速度120㎞/hで運転していた頃と比べれば、速度こそ12分の1ですが、緊張感は当時をフラッシュバックするかのようでした。そして、運転したことのない車両を動かせる新鮮さに心躍る数秒間でありました。

構内線は想像以上に短く、起動の後はすぐにブレーキの体制です。車両は銚子電鉄の2000形で抵抗制御・電磁直通ブレーキです。私も同じような機構の車両は運転してきましたが、ブレーキ時の感覚も自分の知っているそれとはかなり違いました。そして、「あれ、あれ?」と、自分のほしいタイミングでブレーキ力が来なかったので、慌てて多めに追加しましたが、後からグッと効いてしまったために急な減速となり、ついには目標の停止位置の数mも手前で停止してしまいました。

その後構内を低速で動いては目標位置で停止するということ数回を行いましたが、1度もうまく決まったブレーキはありませんでした。自分自身の運転にブランクがあることはわかっていましたが、はじめての車両とはいえ、これだけ思いどおりに動かないとは悔しいです。ですが同時に、これから重ねる訓練の間にうまくなりたいという気持ちも芽生えました。今後しっかりとよいブレーキを学んでいきたいと考えています。

いずれにせよ、久しぶりに電車を動かせたということに大きく感動し、私自身に再び運転士としての血がめぐりはじめました。

一人前の運転士になれる日まで

この日の訓練はここまででしたが、どっと疲れました。とはいえ、普段パソコンでの仕事ばかりしている私にとって、久しぶりに外で汗を流し、電車と触れ合うことは、とても爽快で、単純にうれしいことでもありました。この日の思い出は、はじめて運転士になったときに感じたものと同様、忘れられないでしょう。

名鉄時代、辞令により運転士を降りた最後の乗務日から数年経ちましたが、まさかこのように再び運転士として現役復帰する日がやってくるなんて夢にも思っていませんでした。

この原稿を書いている現在は、まだ単独乗務ができていません。今後、線路見学や本線に入っての操縦訓練など、さまざまな訓練項目が残されています。本書が発行される頃には一人前の運転士として乗務ができていることを切に願い、今後の訓練を進めていきたく思います。

今後の運転士としての自負

今後、銚子電鉄の運転士になるにあたっては、ただ無骨に運転するだけではなく、お客さま、特にお子さまへのサービスも考えなければならないと思っています。

多くの人にとって、鉄道は「手段」であり「目的」ではありません。しかし、生き残りをかけて、なり振り構わない企画を打ち出す銚子電鉄には、全国から、さらには海外からも、銚子電鉄に乗ることを「目的」に来てくれるお客さまがたくさんいます。このような鉄道は大変貴重ですし、最前線に立つ運転士が快適な運転を提供し、お客さまに「ありがとうございました」と感謝の気持ちをお伝えすることは、重要な任務だと思っています。「対談1」にご登場いただいた大井川鐵道の坂下さんもおっしゃっていたとおり、「お客さまに喜んでもらってなんぼの仕事」です。いくら技術が高い運転ができたとしても、お客さまがいなければ私1人の自己満足でしかありません。

加えて、「見せる安全」も実行できるかと思います。安全確認のための指差称呼もしっかりと行い、お客さまを安全に目的地まで送り届け、それにより安心を感じていただきたい。これは、私が運転士1年目の頃から受けた、師匠をはじめとした先輩方からの教えでもあります。車両や線路の構造は各事業者で異なりますが、ベースとなる安全への考え方は共通しているはずです。

このように、私の経験のよい部分は活かしつつ、銚子電鉄の先輩方には新しく教えを乞いたいと思います。そして「銚子電鉄の活性化」のモデルとなる運転士になっていきたいと思っています。ローカル鉄道という規模感ならば、一人ひとりとの距離が近いことも魅力の一つです。読者の皆さまも、私が運転している電車に乗られた際には、折り返し駅などでお声をかけていただければとてもうれしいです。

第3章

自動運転時代を迎えて

実現した自動車の自動運転、難攻する鉄道の自動運転、
ＧｏＡ２・５という考え方

さまざまな業界で盛り上がる自動運転

自動車と飛行機の自動運転

２０２１（令和３）年３月、本田技研工業（ＨＯＮＤＡ）が、自動車における自動運転レベル３の機能が搭載された「レジェンド」を発売し、話題になりました。レジェンドは、高速道路渋滞時など一定の条件下で、システムが運転手に代わって運転操作を行える自動車です。

海外においても、イーロン・マスク氏率いるアメリカのテスラ社が、２０２１年10月、「ＦＳＤ（Full Self-Driving）Ｂｅｔａ)」という、高度な自動運転機能を発表しました。運転の予測がしやすい高速道路の運転支援に加え、より複雑な一般道での運転に対する自動化機能で、自動運転レベルとしては、運転者が責任を持って安全運転を行うことを前提としたレベル２に相当しますが、最新技術は世界を驚かせました。

車における自動運転化レベルの定義の概要

	レベル	名称	定義概要	安全運転にかかわる監視、対応主体
運転者が一部またはすべての動的運転タスクを実行	0	運転自動化なし	運転者がすべての動的運転タスクを実行	運転者
	1	運転支援	システムが縦方向または横方向のいずれかの車両運動制御のサブタスクを限定領域において実行	運転者
	2	部分運転自動化	システムが縦方向および横方向両方の車両運動制御のサブタスクを限定領域において実行	運転者
自動運転システムが（作動時は）すべての運転タスクを実行	3	条件付運転自動化	システムがすべての動的運転タスクを限定領域において実行。作動継続が困難な場合は、システムの介入要求等に適切に応答	システム（作動継続が困難な場合は運転者）
	4	高度運転自動化	システムがすべての動的運転タスクおよび作動継続が困難な場合への応答を限定領域において実行	システム
	5	完全運転自動化	システムがすべての動的運転タスクおよび作動継続が困難な場合への応答を無制限に（すなわち、限定領域内ではない）実行	システム

「国土交通省自動車局　自動運転車の安全技術ガイドライン」掲載の表を加工して作成

航空機においては、古くから「オートパイロットシステム」という自動運転が導入されています。これは、飛行機が離陸後、安全高度に達してからの巡航・アプローチ・着陸など、ほとんどの段階で用いることができる自動操縦システムです。実際のパイロットは、飛行中の手動操縦を数分しか行いません。さらに、リライアブル・ロボティクス社においては、資格を持つパイロットが地上で遠隔操作を行う自律型飛行機の研究も進めていて、パイロット不要の航空機の開発も進んでいます。

鉄道の自動運転・無人運転ははじまっている

昨今の鉄道業界においても、自動運転は欠かせないキーワードです。

鉄道は、レールの上を走りますので、自動車や航空機とは異なって、走行ルートが限定的です。自動運転のシステムという点においては、自動車や飛行機よりも、一見優位ではないかと思われます。

日本の鉄道における自動運転は、実は、今から半世紀近くも前にさかのぼります。最初の自動運転は、１９７６（昭和51）年、札幌市交通局東西線の車庫のなかで開始されました。これは、旅客を乗せた営業列車ではなく、入庫時の回送列車で、ボタンを押すことで指定した番線に自動で入庫するというものでした。鉄輪と比較して摩擦力が大きいゴムタイヤ式で、所定位置に停車がしやすかったということも、自動運転が実現できた要因の一つでした。

旅客鉄道ということでは、翌１９７７年に、神戸市交通局西神山手線で自動運転が導入されました。札幌市交通局東西線のゴムタイヤ式と違って鉄輪ですが、西神山手線は地下鉄でしたので、降雨の影響は受けず、ブレーキ時の車輪の滑りもありませんでした。

今から約30年前の１９８１年には、ポートライナー（神戸新交通ポートアイランド線）とニュートラム（Osaka Metro南港ポートタウン線）が、自動運転というだけではなく、運転士や添乗員のいない完全自動無人運転として開業しました（開業時は、監視のために乗務員を添乗）。特にポートライナーは日本初の新交通システムであり、営業路線として世界初となる完全自動無人運転を実現した鉄道です。すでに約30年前には完全自動無人運転が実現していたという事実に、少し驚かれる方もいるかもしれません。

１９９５（平成７）年には、同じく無人で走行する新交通システムとして、ゴムタイヤ式のゆりかもめ（東京臨海新交通臨海線）が開業しました。ゆりかもめでは、コンピュータの高度利用によって運転だけでなく、駅務の自動・無人化も進められています。最高速度は60㎞／ｈでした。

高速域での自動運転ということであれば、２００５年に開業した首都圏新都市鉄道つくばエクスプレスがあります。最高速度は１３０㎞／ｈで、運転席に運転士が座ってはいますが、列車が動き出してから駅に到着するまでの間は自動運転になっています。

神戸ポートアイランド博覧会開催にあわせて開業したポートライナー（1980年撮影）

ポートライナーの運転台（1980年撮影）

つくばエクスプレス第一期の走行試験（2003年撮影）

なお、これらの自動運転は、ＡＴＯ（Automatic Train Operation：自動列車運転装置）によるものですが、ＡＴＯについては後述します。

なぜ、２０２０年代が「自動運転時代のはじまり」なのか

ここまでで、日本の鉄道における自動運転は、決して真新しいものでもないということがおわかりいただけたかと思います。ですが、２０２０年代が鉄道の「自動運転時代のはじまり」といわれるのはなぜでしょうか。

ＪＲ東日本が２０１８（平成30）年に発表したグループ経営ビジョン「変革２０２７」で

山手線全線における自動運転をめざした実証実験にはE235系の営業列車が使用される

は、「スマートトレイン」がトピックスとして掲げられ、具体策のなかに「ドライバレス運転の実現」という言葉が明記されました。ＪＲ東日本は、「運行やサービスなどの様々な側面から鉄道を質的に変革し、スマートトレインを実現する」とし、自動運転実現への舵をきりました。実際、２０２１（令和３）年には常磐線（各駅停車）にて自動運転が開始、この本が発行される２０２２年10月には山手線でも乗客を乗せた状態で自動運転試験が実施される予定です。さらにＪＲ九州でも２０２０年12月より自動列車運転装置の実証運転が実施され、２０２２年３月には自動列車運転装置の実証運転区間・対象列車が拡大されました。

ほかにも、自動運転に対する取組みは、近年大手鉄道を中心に熱を帯びてきています。その理由の一つには、長年の社会的課題、少子高齢化による人手不足があげられます。運転士・車掌が列車の前後に乗務しているのに比べて、ドライバレス運転であれば、人員が削減できます。さらに、運転士には、動力車操縦者運転免許という国家資格が必要なのですが、１人の人間を、免許の取得まで養成する経費も考えればコスト削減につながり、経営的にも大きなメリットがあります。

もう一つには、技術の進歩があります。ＪＲ東日本は２０２１年、山手線と京浜東北線の一部区間において、列車を制御するシステムにＡＴＡＣＳ（Advanced Train Administration and Communications System：無線式列車制御システム）」を導入すると発表しました。ＡＴＡＣＳとは、列車位置検知を軌道回路によらずに、走行する列車自らが前方に在線する列車の位置を検知し無線を使って車上・地上間で双方向に情報通信を行うことにより列車を制御する、ＪＲ東日本の新しいシステムです。さらに、ＡＴＯ（自動列車運転装置）の高性能化による輸送安定性の向上及び柔軟な運行の実現がうたわれていることも、ドライバレス運転への布石ともいえます。

最後に、自動運転への取組みが熱を帯びてきているもう一つの理由は、安定した運転の必要性なのではないかと考えています。運転士の操作では人為的過失（ヒューマンエラー）の発生は免れません。自動で運転をカバーすれば、人為的過失もなく、通常時の運行についても理想的な走行が可能になります。

2018年、トヨタ自動車の豊田社長が「100年に一度の大変革」と発言しました。「100年に一度の大変革」を象徴するキーワードとして挙げられたCASEという言葉。CASEのAはAutonomous／Automatedで、Autonomousは自動運転のことです。最新AI・IoTを用いて自動運転化が急速に進む自動車業界とともに、鉄道業界においても鉄道開業150年を迎える2020年代、自動運転がエポックメイキングな革新をもたらすかもしれません。

自動運転のGoA2・5

日本の鉄道における自動運転は、半世紀近く前には実現しました。しかし、新交通システムなどでの自動運転の導入はあるとはいえ、全国の都市鉄道や地方鉄道などで広く活用されているわけではありません。自動運転の導入は、それほどむずかしいことなのでしょ

山手線駒込～田端間の踏切は廃止予定。これにより山手線の自動運転化も前進するといわれている（1999年撮影）

うか。

最初に大きな問題となるのが、設備面です。安全のことを考えれば、線路は、踏切などがある地上ではなく、高架化されているべきですし、駅ホームにはホームドアなど、人が簡単に立ち入ることができない設備が必要です。神戸市のポートライナーや東京都のゆりかもめなどの新交通システムは、自動運転を前提に建設されているので、開業時から人が簡単に立ち入れないといった条件をクリアしています。

しかし、踏切がある路線では運転士の乗務を前提としています。たとえば、街中でよく見る踏切は、遮断棒一本で仕切られているだけですし、乗用車が交錯する大きな踏切や、地方部においては、第4種と呼ばれる遮断棒さえない踏切が存在します。ホームドアが設置されていない駅も多く、プラットホームからの転落や列車との接触事故といった危険があります。とはいえ、線路の高架化工事やホームドア設置工事には、莫大な費用がかかります。

そこで注目されているのがGoA2・5という考え方です。

GoAは「Grade of Automation」の略で、自動運転のレベルを表す規格です。レベルは、GoA0からGoA4までに分けられています。その違いは運転士・車掌等の乗務形態によって変わっていきます。

GoA0及びGoA1については、いわゆる基本的な手動による運転で、運転士と車掌（場合によっては運転士のみのワンマン運転）が乗務するスタイルです。対してGoA2以上は自動運転の部類に入ります。列車の運行はATOにより自動でコントロールされますが、その列車を起動しはじめるボタン操作や駅停車時のドア扱い、あるいは異常時には緊急停止操作・避難誘導などを運転士が行い、運転士は先頭に着座し列車を起動している半自動運転の状況です。緊急時には手動運転に切り替えます。

さらにGoA3は運転士ではない係員が先頭に限らない車内に乗車し、避難誘導要員と

鉄道の乗務形態による分類（自動化のレベル）

自動化レベル （IEC（JIS）による定義※）	乗務形態のイメージ （[ ] 内は係員の主な作業）
GoA0 目視運転 TOS	 運転士（および車掌）
GoA1 非自動運転 NTO	
GoA2 半自動運転 STO	 運転士 [列車起動、ドア扱い、緊急停止操作、避難誘導等]
GoA2.5 （緊急停止操作等を行う係員付き自動運転） ⇒IECおよびJISには定義されていない	 先頭車両の運転台に乗務する係員 [緊急停止操作、避難誘導等]
GoA3 添乗員付き 自動運転 DTO	 列車に乗務する係員 [避難誘導等]
GoA4 自動運転 UTO	 係員の乗務なし

※IEC 62267（JIS E 3802）：自動運転都市内軌道旅客輸送システムによる定義
GoA：Grade of Automation
TOS：On Sight Train Operation
NTO：Non-automated Train Operation
STO：Semi-automated Train Operation
DTO：Driverless Train Operation
UTO：Unattended Train Operation

「国土交通省　鉄道における自動運転技術検討会」掲載の図を加工して作成

して乗車し、運転士がいなくても運転可能な「添乗員付き自動運転」、そしてGoA4では係員が一切乗っておらず、無人の状態での「自動運転」というかたちで区分されます。

日本で注目されている自動化レベルGoA2・5は、GoA2とGoA3間に位置するようなかたちで設定されたレベルで、日本独自の規格です。国土交通省の自動運転技術検討会では、「踏切がない」「人等が容易に立ち入れない構造（高架等）」「ホームドアあり」といった技術的条件が課せられたGoA3よりも低いレベルのGoA2・5であれば、一般的な路線へも導入できるのではないかと議論が進んでいます。

また、GoA2・5の最大の特徴は「運転士免許（動力車操縦者運転免許）を持たない係員が先頭の運転席に乗務する」ということです。これは、乗務する人間は運転士に限らないということで、乗客の方にとっては、車両前方に「人」が乗っていることに変わりなく、見た目に違いはないかもしれませんが、前方の線路上に支障物などがあった際の緊急停止（いわゆる非常ブレーキ）操作も、運転免許を持つ運転士に限らず、一般の係員が行う可能性があるということです。

このGoA2・5という規格は、鉄道業界の自動運転の導入、なかでも経営危機にある地方鉄道の将来的なコストダウン、省力化につながると考えられています。

ハンドル不要、ボタンを押すだけで発車するＡＴＯ

自動運転において重要なのは、列車の制御です。主流の考え方としては、ＡＴＯ（Automatic Train Operation：自動列車運転装置）と呼ばれるシステムの導入になります（ＪＲ九州における自動運転の制御方法については後述します）。

ＡＴＯは、ＡＴＣ（Automatic Train Control：自動列車制御装置）による減速制御機能に加えて、加速や駅でのＴＡＳＣ（Train Automatic Stop-position Controller：定位置停止装置）も備えることで、本来運転士が列車操縦していた部分のすべてを自動化するような仕組みです。定時・定速運転、あるいは列車の群制御を行うシステムもあります。一口に自動運転といっても決して運転席だけの問題ではなく、線路や車両等にも大きな役目があります。

ＡＴＯは、すでに無人運転が実現しているゆりかもめやポートライナーなどの新交通システムを中心に、東京メトロ南北線や丸ノ内線、札幌市営地下鉄などの地下路線、さらには高架にて最高速度１３０㎞／ｈで運転するつくばエクスプレスなどで導入されています。ホームドアや高架、地下区間などで、人が容易に線路内に立ち入れない構造になっています。

また、車上ATO装置には走行データ（走行すべき距離・速度等）があって、そのデータをもとに列車を制御しています。駅手前で列車が地上子を通過すると、距離情報が列車にある車上装置に伝わり、速度を落とし、駅に到着したときには駅のATO装置も連動して開扉します。

ですので、このようなATOの運転士は、ブレーキ・マスコンノッチを投入することは基本的にはありません。運転士としての運転操縦をする機会自体が少なく、事業者の多くは、ATO線区のいくつかではワンマン運転を実施しています。運転士は1人で乗務を担当し、車掌業務も行うということになり、ドア開閉や自動放送で伝えきれなかった部分を肉声案内することが増えてきます。自動運転のなかで運転操縦に能動的に携わる場面は、起動するための「出発ボタン」を押すことです。出発ボタンは2つを同時に押下するのですが、これは誤った押下、誤出発を防ぐためです。

すべてをATOに頼る落とし穴

動力車操縦者運転免許を持った運転士も、すべてをATOに頼っていては運転技術の低下は免れません。ATO区間であっても月に数回は手動運転の訓練を行うことがあります。たとえば、東京メトロであれば月2回以上の手動での運転を行うように定められています。このような状況下では、自動（ATO）から手動（ATC）に切り替えた際、ATOで運転しているという錯覚に陥る危険があります。現役でATO区間の運転士を務める人の話では、いつも普通列車で停車するはずの駅を、優等列車担当中と勘違いして誤って通過しそうになるケースがあるそうです。頻度は高くはありませんから、むしろ自動運転だからこそ発生する特有の事象ともいえそうです。

コストについても、ATOはシステム・装置の導入には高額な費用が必要です。新交通システムのように自動運転前提でスタートした路線についてはよいのですが、手動運転している区間に導入を進める場合は、関連する多くの設備をつくり替える必要があり、全国的にもわずかな区間だけでしか採用されていません。

さらに乗り心地という点では、ラッシュ時におけるATO運転は、自動での加速・ブレーキが大きく影響する場合があります。乗り心地をよくするために、運転士があえて指令などからATC運転許可を受けて、操縦することもありました。しかし、最新の山手線でのATO運転の乗り心地はスムーズな加減速になっていて、停車位置の誤差も10㎝台と、精密性においても運転士の操縦と遜色ないレベルまで達しているそうです。これはもともとのベテラン運転士の運転パターンを参考にしたデータがＡＴＯに取り入れられているからで、さながら運転士の分身といったところでしょうか。加えて、ＪＲ東日本グループの「ゼロカーボン・チャレンジ２０５０」（２０５０年度のCO_2排出量「実質ゼロ」を掲げた省エネ運転）も踏まえた省エネな運転設計になっています。

都市鉄道の自動運転と地方鉄道の自動運転

自動運転と一口にいっても特性は異なる

「自動運転」は今、新たなフェーズを迎えています。具体的には「踏切がある等の一般的な路線での自動運転」、つまり新交通システムでも地下鉄でもない、普通の鉄道における自動運転の実現についての議論が進んでいるのです。

国土交通省による資料「鉄道における自動運転技術検討会　令和元年度とりまとめ」において、自動運転導入についての検討は、都市圏内で旅客の大量輸送を高速で行う「都市鉄道」と、それ以外の「地方鉄道」とで大別されています。

一口に自動運転の導入といっても都市鉄道と地方鉄道で特性が違い、対応策や今後の課題も違っています。

GoA3に向けた、都市鉄道での自動運転

ＪＲ東日本は、山手線ドライバレス運転（ＧｏＡ３）の実現に向けてＡＴＡＣＳ（無線式列車制御システム）の導入や、高性能ＡＴＯの開発を進めています。２０２２年5月に発表したプレスでは「山手線の営業列車で自動運転を目指した実証運転を行います」とし、試験日程は、２０２２年10月頃から2カ月程度とのこと。この本が発行される頃には、山手線全線（34・５㎞）において（２編成）で、お客さまが乗車している通常の営業列車（Ｅ２３５系）が自動で運転される予定です（とはいえ、通常の列車と同様に運転士が乗務）。

東武鉄道においては、２０２３年度以降、東武大師線にて添乗員付き自動運転（ＧｏＡ３）実施に向けた検証試験を行っていくとしています。ＧｏＡ３では、運転席に前方を監視する運転士や添乗員は乗務しませんので、今までと同じ安全性か、それ以上の安全性を確保する必要があります。

人の代わりに列車前方の支障物を検知するセンサ技術については、「ＬｉＤＡＲセンサ」という技術があります。ＬｉＤＡＲは「Light Detection And Ranging（光による検知と測距）」の頭文字をとっていて、レーザー光を照射して、物体に当たってから跳ね返るまでの

時間を計り、距離や方向を測定するものです。自動車の自動運転技術でも研究開発が進んでいます。

自動運転で、最も重要になるのが緊急時の乗客の避難誘導です。列車内火災や事故発生時、または事件の際に運転士が行っている避難誘導の業務についてのさらなる検討が必要です。２０２１年８月に小田急小田原線内で発生した刺傷事件、さらには同10月には京王線の特急列車車内での殺人未遂事件などの凶悪犯罪もありました。特にこの２つの事件は、刃物を持った男性が無差別的に襲いかかるだけではなく、放火にまで及ぶという危険なものでした。事故や災害が発生した場合、添乗員は現行の運転士と同等の対応をすることになるでしょうし、今後この範囲を定めていかなければなりません。

地方鉄道での自動運転はＧｏＡ２・５

少子高齢化・人口減少、さらには新型コロナウイルス感染症、特に緊急事態宣言に伴う不要不急の外出控え、移動制限は、鉄道業界に多大な影響を及ぼしています。なかでも各地の地方鉄道においては、廃線が視野に入るほどの危機に陥っているところもあります。

保線・車両更新もままならず、人手不足の問題も浮き彫りとなっている地方鉄道においては、自動運転（ＧｏＡ３）の要件「ホームドアあり」「ＡＴＯ設置あり」「踏切なし」とするための設備投資はとても現実的とはいえません。このままでは、都市鉄道における自動運転化との間に、技術・テクノロジーの格差も生まれてしまいます。

そこで、前出の「鉄道における自動運転技術検討会　令和元年度とりまとめ」における、地方鉄道のモデルケースの「前提条件」は、自動化レベルは、先頭車両の運転台に係員が添乗するＧｏＡ２・５、線区条件は、単線、ＡＴＳ（ＡＴＣに必要な基本機能である連続速度照査機能と同様の機能を有する「パターン制御式ＡＴＳ（点送受信）」をベース）、ＡＴＯ、ホームドア・可動式ホーム柵なし、踏切道あり（１種、３種、４種）、トンネル・橋りょうあり」です。異常時の処置は係員が行うことが前提で、「線路上（踏切、ホーム含む）の支障を発見した場合」は係員が緊急停止操作ボタンを操作し緊急停止、「列車の停止を必要とする障害（列車脱線等）が発生した場合」は係員が信号炎管、列車防護無線等を使用し、関係の列車を速やかに停止させる、「事故や災害等が発生した際の乗客の避難誘導」にも係員が対応することになっています。

ＧｏＡ２・５で添乗員を登用する場合、運転士同様の資質が必要であるか、という点も検討が必要です。万が一前方の踏切や架線に支障物があった場合には、非常ブレーキを操作し停止措置をしなければなりません。GoA2・5では、従来であれば運転士が行っていた支障物の感知や非常ブレーキの投入を、運転免許を持たない添乗員が判断することになります。線路内立入などといった事象は当然予告なく発生するわけですから、発見の遅れや、ブレーキ投入への迷いなど、判断に差が出るかもしれません。この差を埋めるために、GoA2・5では、添乗員がいかに運転士と同等の資質を持っているか、またそれをどう評価するのかが、今後の自動運転実現へのポイントになってくるかと思います。

地方鉄道においては、運転士に限らず、保守係員を含むすべての鉄道人材の確保・養成が難しく、今後この問題は深刻化していくことが予想されます。本来は、地方鉄道はテクノロジーの恩恵をより受け、列車運行の効率化が促進されてしかるべきであると、私は思うのです。もちろん公費等で補っていく、という考え方もありますが、利用者数を含む全国の人口バランスを考えると、都市鉄道に比べて、地方鉄道支援の方が後回しとなってしまいかねません。ですので、現実的には、中小の地方鉄道には、安価で、なおかつ実現可能な自動運転システムの導入が必要ではないでしょうか。

自動運転時代の列車制御

固定閉そくと移動閉そく

もともと、手動運転をしていた全国の多くの在来線では、駅と駅の間、あるいは常置信号機に従って列車が運行していて、一つの区間に1本の列車だけが入れる仕組みになっています（この区間を「閉そく区間」という）。たとえば列車が走行している直後の信号機は赤（R-停止）、その後は黄色（Y-45km／h以下）、さらにその後は青（G-制限なし）といった順番で区切られているのです。この閉そく区間は、列車の運行密度によって、または赤黄青だけでなく信号現示を細かくして速度を制限し、また閉そく区間を短くすることでより短く、つまりは密な運転を可能にしました。閉そくについては、古くから「固定閉そく」という考え方で、列車の車輪により2本のレール間を短絡させ、閉そく区間に列車が在線しているかどうかを判別していました。

これに対して「移動閉そく」では、列車の車上装置のシステムをもって、先行列車の位置を検知し、それを後続列車に伝えて、走行可能な距離を割り出し、ブレーキを制御することで閉そくを守っています。無線通信を用いるので、当該の列車に指令信号を送れば閉そくが守られ、固定閉そくに比べて列車間隔が短くでき、柔軟性は高くなります。約１５０年前に発明された軌道回路で、当然のように使われてきた固定閉そくの考え方ですが、それに変わり、移動閉そくでは無線を使って車上・地上間で双方向に情報通信を行うため、ＡＴＯとの融合で利用者のニーズに沿った運行がしやすくなります。

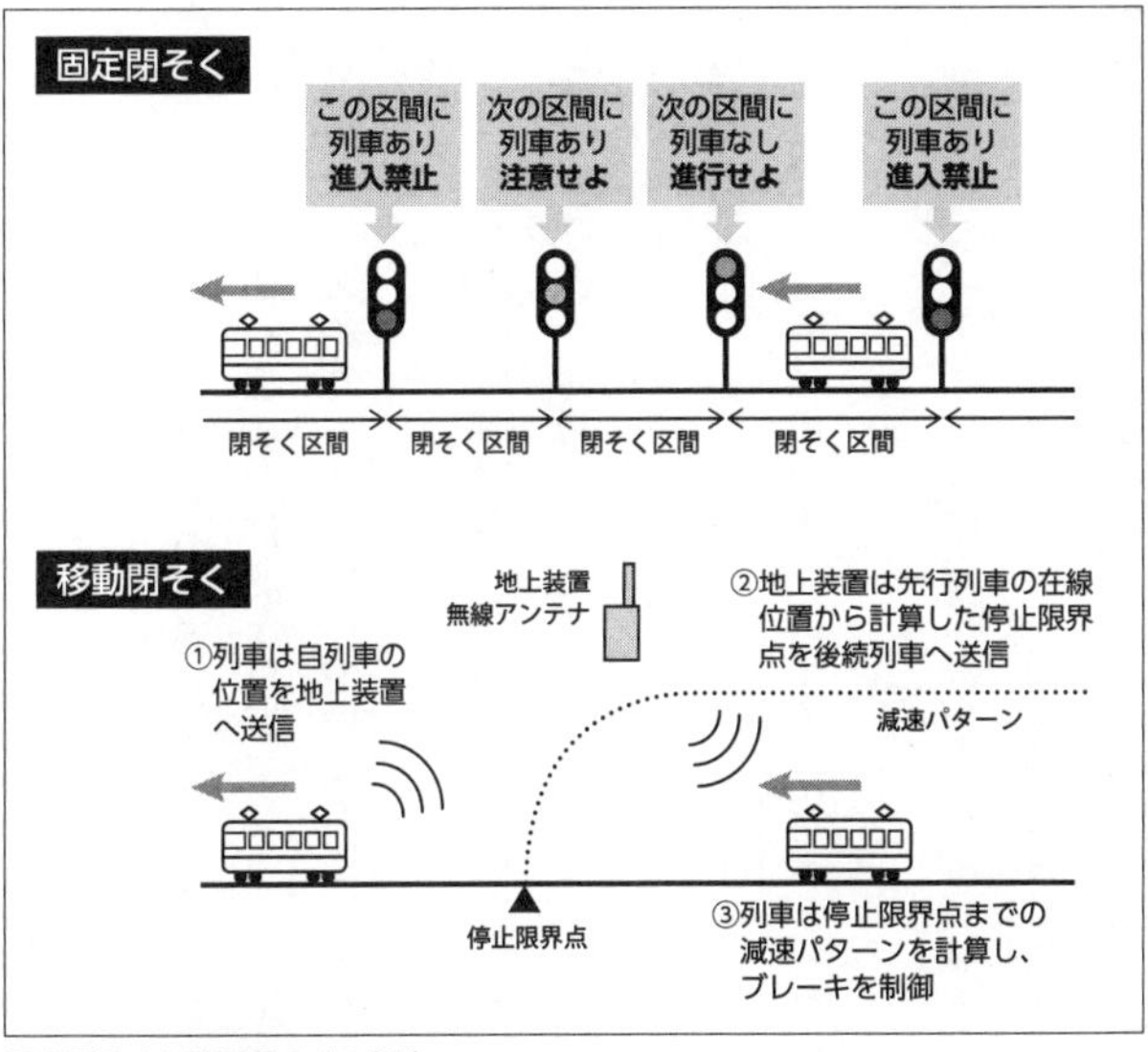

固定閉そくと移動閉そくの概念

無線式の列車制御の可能性

国内においては、ＪＲ東日本が開発した列車保安装置「ＡＴＡＣＳ（Advanced Train Administration and Communications System）」が、仙石線あおば通～東塩釜間と埼京線池袋～大宮間に導入されています。ＡＴＡＣＳ導入にあわせてＡＴＯについても速度調整などが可能となるように高性能化が図られています。

今後、東京メトロ丸ノ内線などではヨーロッパの都市鉄道で導入されている信号システム「ＣＢＴＣ（Communications-Based Train Control）」が導入予定になっています。無線式なので通信障害などが危惧されますが、その場合は、列車がブレーキをかけて停車することになるフェールセーフの考え方が用いられています。ちなみに、このフェールセーフという考え方というのは、鉄道の開業より育まれてきた安全に対する哲学で、未来永劫に伝わっていく考え方でしょう。

列車間隔が詰められるほかにもメリットは大きく、たとえば輸送障害発生時に、従来は上り線にて支障が発生した場合は上り線が不通となっていたところ、当該線をさけるように下り線を経由すれば、運休せずに開通できると「単線並列運転」が可能にもなります。

それだけでなく、メンテナンス面でも優位で、地上設備の簡素化が可能となり、従来の信号システムと比較してもトラブル回避につながります。

少し考え方は飛躍しますが、必要に応じて運行本数を増減した臨時列車等の発車に対応する仕組みが求められる世の中になった場合、無線を用いた列車制御・移動閉そくであれば、列車運用やダイヤ調整にバッファを持たせられますし、さまざまな可能性を視野に入れた、柔軟な対応策への素地となりうるでしょう。

「理想的な運転整理」に付随する一抹の不安

現在の都市鉄道でも、遅延時には運転間隔の調整をする手法があり、たとえ自身の列車が遅延回復していたとしても後続列車の遅延の影響を受けて、停止しなければならないこともあります。ＡＴＯ運転では遅速モードという運転を行い、たとえば信号現示のマイナス15㎞／ｈなどで走行し、後続と距離をとりすぎず、前後の列車で遅延の影響を受けた乗客を負担しあい、軽減しあうというようなかたちがとられたりします。これは各運転士の判断というより、指令所等からの統制により全体の遅れを少しでも緩和しようという流れで、主に運行密度が高い区間で見受けられます。

自動運転区間におけるATACSやCBTCのような列車制御の運用は、運転の最適化につながることは間違いありません。無線を用いた列車制御は、運転指令所がめざしてきた、全線を見渡した際にどこにも遅延がない「理想的な運転整理」という名の采配に近づくための手段で、鉄道全体における「定時運転の確保」を考えれば、おそらく最善の策であるはずです。

しかし、列車制御の未来は、運転士が持っている「1秒でも回復しなければ」という定時運転への意識とはまったく別次元であり、むしろ違和感すら覚えることも事実です。そして、乗務員自身の遅延に対する意識の低下、あるいは定時運転に対する意識自体が希薄となってしまうのでは、という一抹の不安も残るのです。もしくは、すでに大きな変革の時機を迎えていて、今までの鉄道の常識が非常識になるのかもしれず、考え方のアップデートも必要なのかもしれません。

Interview 1

×

JR九州 鉄道事業本部 安全創造部
自動運転プロジェクト 課長代理 青柳孝彦

JR九州の自動運転はなにがすごいのか

JR九州は、2020年12月、香椎線にて自動列車運転装置の実証運転を開始しました。この、①ATS区間、②踏切がある区間、さらには③JR線におけるはじめての自動運転という画期的な実証運転について、JR九州の青柳孝彦さんにお話をうかがいます。

青柳孝彦（あおやぎたかひこ）
2009年早稲田大学理工学部電気・情報生命工学科卒業、九州旅客鉄道株式会社入社。2022年４月より鉄道事業本部安全創造部（自動運転プロジェクト）課長代理。

ＪＲ九州が挑むＡＴＳ-ＤＫをベースとした自動列車運転

――経歴を教えていただけますか。

私は、２００９（平成21）年にＪＲ九州に入社、運輸部車両課で車両の故障対応・品質管理、熊本車両センターで車両の検査業務を行い、２年目には動力車操縦者運転免許を取得、熊本運輸センターで運転士として、当時は「リレーつばめ」等を博多〜八代、肥後大津駅間で運転していました。

その後は輸送指令員、博多運転区・博多車掌区で助役を経て、鉄道事業本部 安全創造部にてヒヤリハットの対応や「安全創造取組発表会」等の運営に携わりました。２０１９年より安全創造部に「自動運転プロジェクト」が立ち上がりまして、現在着任４年目になります。

――ＪＲ九州が自動運転を導入するに至った背景を教えてください。

これは鉄道業界共通の課題ですが、労働人口の減少、また少子高齢化という課題に対して機械化・自動化を進めていく必要があります。当社は連続速度照査式の保安装置としてＡＴＳ-ＤＫの整備を進めており、２０１７年からこのＡＴＳ-ＤＫをベースに自動運転ができないかという検討をはじめました。

――ＪＲ九州の自動運転の特徴を教えてください。

まず一つ目は、ＡＴＳベースにおける自動運転という点です。従来の自動運転はＡＴＣといわれるレール等から常時情報伝送が行われる保安装置のもとで行われてきました。一方で、当社の在来線においては、ＡＴＣ整備区間はありませんし、全国的にもごく一部に限られています。大半の在来線では地上子と呼ばれる地点ごとに情報伝送が行われるＡＴＳが整備されており、これまで自動運転はできないと思われてきました。この「ＡＴＳ」をベースとした自動運転という点が、これまでの国内での自動運転にはない大きな違いであり、挑戦でした。

二つ目は、列車前頭に運転士免許を持たない鉄道係員を乗務させるドライバーレス自動運転をめざしているという点です。現状多様な条件下で運転士を省略できるほどのカメラ・センサー技術は実現できていないため、「踏切あり・ホームドアなし」という環境でも列車前頭に鉄道係員を乗務させることで安全性を確保するとともに、既存設備を

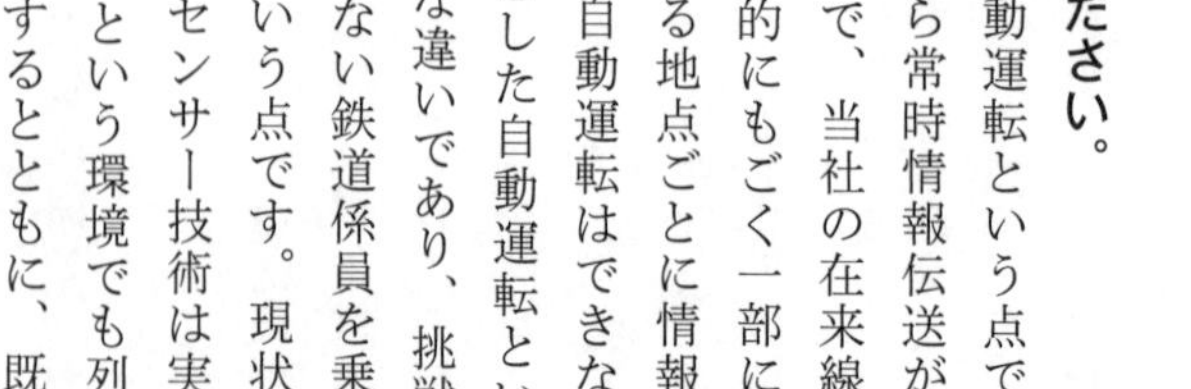
ATC
ATS-DK
レールを介して常に情報を伝送
地上子からの伝送で情報を更新

ATCとATS-DKの違い（JR九州提供）

最大限活用しながら自動運転を実現したいと考えています。

――実証運転とは？

実証運転は将来的なＧｏＡ２・５実現をめざし開発した自動列車運転装置（以下、ＦＳ-ＡＴＯ）による自動運転を運転士が乗務した状態で行っているものです。目的は走行制御の安定性、運転取扱い変更点における検証、運転士の心理的影響の把握です。

たとえば、将来的には自動運転が継続できない事象においては、運転士を現地に派遣し再開をする予定ですが、現在行っている実証運転では、運転士が指令の指示により手動運転へすぐに切り換え影響を最小化しながら把握する体制をとっています。これまでの実証運転のなかでは将来的に運転士を現地に派遣しなければならない事象は発生していませんが、引き続き実証運転実績として影響および発生頻度をお示しできればと考えています。

――実証運転の実績を教えてください。

２０２０年12月24日から香椎線西戸崎～香椎間で実証運転を開始しました。２０２２年4月時点で、１年半が経過しましたが、その間、実証運転の実績はすべてログというかたちで抽出・蓄積し、総走行距離は約10万㎞、停車回数は3万回を超えています。

当社の自動運転では停車精度について、運転士資格試験の合格範囲と同じ±２ｍとしていますが、ほぼすべてが範囲内であるとともに、行き過ぎた事象は一度も発生していません。

また、自動運転用の列車停止ボタンによる停止についても、17回操作しています。大半は、防護無線受信によるものが最も多く、お客さまの出発後の列車への駆け寄りのために安全上停止をさせたもの、特殊信号発光機の動作（踏切の異常を知らせる信号）を認めて停止させたものとなっています。同ボタンを運転士が躊躇なく操作ができていると考えています。

特化したのは「設備の活用」「追加の設備・機能の最小化」「データベースをあえて持たない」

今までの常識では、自動運転化するためには、まずＡＴＳを車上・地上ともにＡＴＣ化することになります。ＪＲ九州での試みでは、新型の地上子等の開発を回避、既存設備を最大限活用しながら、点送受信の弱点を補うシステム・設備を追加しました。

車上装置についても従来のＡＴＯと異なりフェイルセーフ性を持たせた装置としたほか、運転士が扱う主幹制御器（マスコン）の制御指令線を代わりにこの装置が加圧する仕様としています。

また、装置の要求精度も先に示した停止精度のほか、運転時分についても基準運転時分以内に走ればよいと割り切っています。装置の役割も操縦の自動化に特化し、ドアの開閉・放送・避難誘導・指令とのやり取りは引き続き係員が行うことで、追加の設備・機能の最小化をしています。

さらに今回開発した装置には、路線のマップ情報となるいわゆるデータベースはあえて持たせていません。これは、路線のマップ情報についてはATS-DKがその役割を担っており、既存のシステムおよび社内の取扱いが浸透していますので、その拡大・整備により自動運転の区間拡大が行えるようにしたものです。その結果、この春の実証運転区間拡大に向けた走行試験ではATS-DKのデータベースを従来どおり整備することで、初日から難なく自動運転で走破することができたわけです。もし新たにATOにマップを持たせることを前提としてしまうと、区間拡大のために新たに一からマップを作成する必要が出てきてしまい、その後の展開が難しくなるのです。

つまり「設備の活用」「追加の設備・機能の最小化」「データベースをあえて持たない」という点に特化したことが功を奏し、低コストかつ短期間で自動運転を実現することができました。今後GoA2・5を計画される各社様にとっても、一つのモデルケースになれたのではないかと思います。

――今後の自動運転GoA2・5では、運転士に代わって添乗員が乗るのでしょうか。

現在の実証運転では、動力車操縦者運転免許を持った運転士が乗務していますが、将来的には免許を持たない係員の乗務をめざしています。この係員が行う通常時におけるドア扱い、ホーム上の安全の確認や、異常時における列車防護や避難誘導については、まさしく現在の車掌の業務です。加えて、前方の支障物を認めた場合の緊急停止操作等を行う必要があり、車掌に対して必要な教育、適性を持った者である必要があると考えています。したがって、よく「係員」を「添乗員」「アルバイトスタッフ」とイメージされる場合がありますが、当社の検討する係員は必要な教育を施した「車掌以上・運転士未満」の運転関係係員なのです。

――「踏切あり・ホームドアなし」でも安全を確保する方法について教えてください。

踏切やホーム上の安全については、係員が危険を認めた場合に緊急停止操作や汽笛吹鳴を行います。そのためには、たとえば視力など異常を知得するために必要な適性は運転士と同等である必要があると考えています。従って、今後必要な教育を行うとともに、適性管理をこの係員に対し行う予定です。

――自動列車運転装置の実証運転区間の拡大について教えてください。

２０２２年３月には、地上設備工事を進め実証運転区間を香椎線西戸崎～香椎間から、香椎線全線（西戸崎～宇美間）に区間拡大、車両改造も進め対象列車も香椎線の約４割の列車が自動運転となりました。

またあわせて、西戸崎～香椎間で得た知見をもとに、３点の機能・改良を追加しました。

まず１点目は、編成両数に応じた停止位置に停車する機能です。香椎線は通常は２両編成ですが、朝通勤・通学時間帯には４両編成で運転します。当初一律４両用停止位置に停止させていましたが、対象列車拡大により通勤時間帯でも自動運転を行うことから、お客さまの利便性、お客さま乗降確認時の視認性の向上を考え、両数に応じた停止位置に停止させる機能を実装しました。

２点目は、滑走防止のための走行モード追加です。実証運転開始直後の２０２１年初に九州では珍しい降雪を経験し、滑走事象が多発しました。当時、全列車に私たちプロジェクトメンバーが添乗しており、安全上問題ないことは確認したのですが、影響の最小化のため、最高速度および高速域の減速度低減を行うことで降雪や落葉等による滑走を防止する走行モードを追加しました。指令からの指示により車上で手動によるモード設定のほか、

FS-ATOによる滑走および微小空転を検知して、自動的にモード変更するという機能を実装しました。

3点目は、走行時消費電力の抑制です。特に、香椎線を走るBEC819系（愛称「DENCHA」）は、蓄電池電車で消費電力が可視化しやすく、調べると従来の手動運転に比べ消費電力が増加していました。これは当初、車上の路線データベース（最高速度・制限速度）に基づいて走行していたため、まるで回復運転のような走行となっていたためです。対策として、路線データベースを持っていることを有効活用し、前方の制限速度を予測・先読みした制御を行うことで、過度な加減速をなくし消費電力を削減しました。今は

BEC819系。愛称は「DUAL ENERGY CHARGE TRAIN」の頭文字をとって「DENCHA」（デンチャ）

手動運転の平均より1～2％ですが、少ない消費電力で走行できています。

――沿線の方からのご理解はいかがですか。「無人運転」と思われてしまわないように

沿線の方からは好意的に受け入れていただけているものと考えていますが、一点あらかじめ留意した点があります。それは今後、自動運転を検討される各社様にも共有しておきたいことでもあるのですが、一般的に「自動運転」というと「無人運転」と思われてしまうということです。最近話題の自動車における自動運転や新交通システムのイメージが先行するのだと思います。踏切の安全確保や緊急時の避難誘導をする必要がある既存鉄道においては、誤解されないようあらかじめ説明をする必要があります。

私たちも、沿線の自治協議会におうかがいし、「実証運転では従来どおり運転士が乗務すること、将来的にも係員を乗務させること」を説明した上、回覧板や広報誌に案内を入れさせていただきました。

――ＪＲ九州で得た技術は、地方鉄道等でも応用できますか。

ＡＴＳ－ＤＫは、当社でのみ導入を進めているものです。ただ、この点はＡＴＳ－ＤＫのみならず、実は各社の保安装置は形式・機能が異なるのが現状です。従って、単純に移植できるものではないと思いますが、ＡＴＳをベースとした自動運転において必要とされる機能は、具体的に当社が検討・実現したと考えています。これら今まで当社が得てきた知見はぜひ、業界全体へ共有していきたいと思います。

あわせて、今回の自動運転実現においてタッグを組ませていただいた日本信号様にも多くのノウハウが蓄積されたと思いますから、私たちだけのものにせず日本信号様と協力して、今後自動運転を検討される各社様へ広く得られた知見を共有していきたいと考えています。

係員が乗務し続けるＧｏＡ２・５自動運転では費用対効果が得にくいのは事実ですが、今後予想される労働人口の減少・なり手の不足で、本当に運行するための要員が不足することは回避しないといけません。そのため当社は、コスト意識をもちながら開発してきましたので、ぜひより多くの各社様に一度実証運転をご覧いただきたいところです。

改めて「運転士ってすごいことをやっているんだ」

――運転士の存在はどうなりますか。

自動運転化することで、改めて「運転士は機械にはできないすごいことをやっている」「動力車操縦者運転免許を有することで大きな権限を持っている」とひしひしと感じます。私自身も運転士の経験がありますが、当時そこまでの自覚はありませんでした。

最初に述べたとおり、現状では運転士を省略できるほどのカメラ・センサー技術は実現できていませんし、まだまだ開発にはかなりの時間を要するでしょう。そして将来的にも、運転士という仕事をなくせるとは考えていません。仮にすべての列車が自動運転できることになったとしても、装置による運転が困難な代用閉そくなど異常時の取扱いはもちろん、併結時の絶妙な操縦が求められる場合などには必ず運転士が必要になります。そのときもし運転士がいないと、その車両は永遠に動かせなくなるのです。

自動運転が取りざたされる今、運転士の皆さんに認識してほしいことは、運転士の能力はそう簡単に機械に取って代わられることはなく、今後も必要とされるということ、そして自動運転化することにあたってのお手本は、今後も運転士の操縦技術であるということです。

――なぜ今自動運転が実現できるようになったのでしょうか。

まずは情報技術の進化があげられると思います。走行状況に応じたきめ細かな制御を行う今回開発したＦＳ‐ＡＴＯもその一つです。そして、車両の走行制御の技術・応答性が向上していることも、自動運転実現に大きく寄与しています。旧型といわれる抵抗制御や自動空気ブレーキ等による制御では到底実現することはできません。決して自動運転の実現が、今回開発したＦＳ‐ＡＴＯだけで成り立っているわけではない、車両制御の技術進歩も一翼を担っているということです。

――最後に、今後の目標について聞かせてください。

当社は２０２４年度末までに、ＧｏＡ２・５自動運転の実現をめざしています。残る２年半という期間は決して長くなく、随時検証・手続きを進めるとともに社内制度等も整備する必要があり、待ったなしで準備を進めるという意識でいます。

一方で区間拡大に向けた具体的計画は現時点ではありませんが、ＧｏＡ２・５自動運転の実現後には、香椎線以外にも自動運転システムを展開していきたいと思います。

これは私個人の予測ですが、前方の支障物検知をはじめとした今回係員が担う役割を自動化する技術は最低10年、20年はかかるだろうと思っています。制動距離が鉄道に比べ格段に短い自動車でもやっと最近「支援」というかたちで衝突防止が可能になったところです。一方で技術は日進月歩で進化していますから、その進化をとらえるためにも、まずここで、GoA2・5を実現し、将来のGoA3、GoA4に備えたいと考えています。

これまでもATS・ATCは進化してきて、運転士をより高度にバックアップしてきましたが、技術進歩に伴い、操縦を自動化できるほどまでになりました。2022年、レールの上を走る鉄道は、通常運転における操縦領域を自動化できるところまで進化した、ということではないでしょうか。

ぜひより多くの皆さまに香椎線における実証運転列車にご乗車いただき、私たちがめざす鉄道における自動運転がどんなものか、体感していただきたいと思っています。

第4章

自動運転の今後と課題

異常時に散見する課題、操縦、輸送システムの変革

課題の多くは、異常時に散見されている

運転士は鼻が利く

自動運転の発展により、運転士が乗務しない、さらには車両前方の係員さえ不要となる未来がそう遠くないかもしれないということが、ここまでの話でわかってきました。

テクノロジーの進歩による鉄道設備の充実は、経営面においては人件費削減につながり、運行面においては走行制御の安定性につながることが予想されます。しかしながら、「運転士がいなくなってしまうかもしれない日」を迎えるまでには、いくつかの課題があります。

運転士は元来、経験則から、さまざまな異変にいち早く気づくことができます。たとえば運転中、車両からなにかしらの異変を感覚的に察知したので、運転席モニターをチェックしてみると実は車両が故障していた、というようなことがあるのです。ある種の予知能力のようなもので、「何か加速の感じがおかしい」とか「体感G（重力）の感じ方が違う」「異音がする」など、通常時との違和感を敏感に感じとることができるわけです。この異変

に気づく能力は、運転士の資質の一つともいえますし、「運転士は鼻が利く」といわれることにも頷けます。もちろん自動運転の場合でも車両故障の表示が出るので、運転士ではない添乗員でも、あるいは無人状態であったとしても、異常が検知された後は、列車を停止させることはできます。ですが、些細な気づきが故障を未然に防止し、早めの対応につながることを考えると、やはり運転士の経験則をもってするほうが、列車を早く停めることができるかもしれません。

自動運転は柔軟な対応が苦手

運転士のいない自動運転の課題の多くは、異常時に散見されています。

自動運転はあらかじめプログラムされた走行が得意である一方、突如発生した事象に柔軟に対応をすることが苦手です。これが運転士であれば、電圧の変化や雨の降りはじめなど、ちょっとした細部の変化に難なく対応して運転方法を切り替えることができるでしょう。

現状では、台風や大雨など自然災害が発生すると、徐行や運行中止をすることがありますが、このような急遽の指示に対応するためには、そもそも運転士の存在が必要な場合が多々あります。自動運転時代ははじまっているとはいえ、重大事故や凶悪事件を含む、自動運転ができないほどの異常事態に陥った場合にも、代わりに手動で運転できる運転士を送り込む必要があり、こういったサポート体制を継続することが求められています。

遅延発生のときの回復運転

遅延が発生した際に、通常ダイヤへの回復、すなわち定時運転の確保を行うことは、鉄道の大きな使命です。とはいえ、自動運転であれば、輸送障害の発生による遅延は、ある程度はやむを得ないかもしれません。

仮に自動運転時に遅延した場合、鉄道事業者によって異なることを前提としますが、現行のATO運転を参考にすると、最高速度の70km／hの区間において、通常時は最高速度からマイナス5km／hの、65km／hで運転するとします。遅延時は「回復運転モード」に切り替えて運転しますので、マイナス2km／hの68km／hでの走行になります。このくらいであれば、「力行」としては少し速度を上げますが、回復したとしても、わずかになります。制動についても、運転の手法として制動距離を短くし、ブレーキ力を強くすることで遅延を回復させますが、これは遅延時に運転士がブレーキを投入する位置を通常の箇所より先に進んだところで行う方法です。手動運転であれば、いざというときにグッと強いブレーキで回復運転をはかりますが、一方で現在の自動運転の安定的な運転ですと、回復モードとはいえ、いわゆる詰めたブレーキをかけるわけではなく、手動と比較して弱いブレーキ力と長いブレーキ距離を要するために、手動のようになかなか回復はできないのです。

自動運転においては、さまざまなリスクを考慮し、安全性を確保するために「安全マージン」をとっての運転になるので、確実に止まれる速度で進入します。そのため、ひとたび遅延が発生すれば運転士のように遅延を大きく取り返すことはむずかしく、そうすれば、列車は最後まで遅れを引きずってしまいます。着駅到着後の折り返し時間に余裕があるときに、やっと遅延を吸収するしかないパターンもあります。裏を返せば、人間の運転士の技術が高いことがわかります。

このあたりは、技術の進化を待って、自動運転が、人間よりも優れた回復運転をするところをこの目で見てみたいという思いもあります。

ちなみに、現在ＡＴＯ区間を運転している運転士に話を聞いたところ、手動で運転する際には、自動運転と比べ減速感が強く感じてしまい、かなり臆病なブレーキになってしまうことがあるとのこと。普段から手動運転を行っている運転士に比べると、ATO区間の運転士の速度感覚は、どうしても鈍ってしまいがちなのも仕方ありません。

操縦について

もっとも運転士の技術が光るのがブレーキングです。

それに対し、自動運転のブレーキの効き方についてはまだまだ課題があります。車両個体ごとにブレーキ力が異なり、ブレーキのプログラム自体もまだ完全ではありません。たとえば、停車駅をオーバーランすることのないようにできたゆるやかすぎるブレーキだったり、反対に、停止位置手前で急に強いブレーキがかかってしまったりということもあります。

雨天時の「空転」に関しても、運転士であれば、手動運転時の力行では「刻みノッチ」と呼ばれる手法を用いて、空転を抑制する運転方法があります。ノッチを投入するタイミングをはかりながら力行を進めていきますが、自動運転ではそのような感覚を掴みながら細かいノッチアップをせずに、雨で空転しすぎているのに力行し続けて結果的にあまり加速しない、というケースもあります。

同時に、車輪の回転数が合わなくなると、停止位置との距離が計算できなくなってしまうこともあります。また列車自身の内部の計算がおかしくなって、「電車自身が位置を見失ってしまった」という状態になった場合には、安全上フェールセーフに設計されているためのに、駅停車時にブレーキで停止し、それが停止位置とまったく異なっていることもあります。人間が手動で運転するのであれば、その場で判断し、ブレーキや加速方法を変更することもできますが、自動運転に任せている場合、何か極端な修正箇所があった場合でも、その場にいる運転士は、見守り続け、あるいは放っておくしかないのは、歯がゆいものです。

「自動運転の設定が間違っている」かも？

自動運転ならば、人間の介入が及ばない分、ミスの発生は少なくなるはずです。とはいえ、そもそもの設定を誤ってしまったことで発生する事象もあります。たとえば、設定ミスによって通常の停止位置を越えた場所に自動運転の列車が止まろうとしていたとき、運転士が乗務していれば、「自動運転の設定が間違っているな」と、咄嗟に強いブレーキを投入して手動介入することができます。しかしそれが運転士でない場合、添乗員や無人運転であった場合は気づくことに遅れる、あるいは気づくことができないということも考えられます。

一方で、先述のＡＴＯ区間を運転する運転士は、自動運転の優等列車に手動介入することで誤停車をひきおこす危険性もあるといったことも教えてくれました。手動運転であれば、種別を勘違いして本来停車するべき駅を通過してしまう、いわゆる「誤通過」がまれに発生します。ところが反対に自動運転では「プログラムの設定が誤っているのでは」という錯覚に駆られ、停車する必要がないところでブレーキを投入し、誤停車してしまうというのです。簡単な２択を間違えるなんてちょっと考えにくいことかもしれませんが、一瞬で是非が問われる瞬間で正しい判断ができないというケースは、運転士経験者であれば想像に難くありません。また、地下鉄区間などでは同じような景色の駅が多いので、ミスを防止するための指差確認を行っていることも多いようです。つまり、ＡＴＯ区間でも意外にもアナログな確認手法に頼っているという現状もあるようです。

自虐的に「ボタン押し屋だから」

運転士の運転技術は、師匠とよばれる先生より、脈々と後世に引き継がれてきました。そこには、マニュアルだけは伝えられない感覚値が多くあります。しかし今後の自動運転化の波のなかでは、伝承すべき項目も少なくなってきます。

運転士は運転技術を日々磨き上げていくことができます。技術が伴うにつれて、「職人意識」のような、一種のプライド、あるいは業務に対するモチベーションが向上してきます。

とはいえ、現在のＡＴＯ区間の運転士に聞いた話では、同僚のなかには自分のことを「ボタンの押し屋だから」と自虐のようにいっている人もいるそうです。運転現場の最前線でそのような空気が醸成されつつあるとしたら、せっかく国家資格をとったにもかかわらず、ある種の単純労働になってしまっているのかもしれません。自動化により体力的・精神的負担は軽減されたとしても、運転に対する工夫や遅延を回復するために邁進すること、それを職場単位で共有し次の乗務につなげるといった能動的に思考する機会が減少し、仕事のなかから得られるものが少なくなり、すべてが受動的になってしまう……そんな状況が個人的には最も恐れる事態であると懸念しています。

名作から見る未来の自動運転と今後

『ある機関助士』という映画をご存知でしょうか。1963（昭和38）年に公開された国鉄時代の広報映画で、機関士と機関助士の勤務を描き、機関車のスピード感や機関室の迫力など、大変リアリティのある作品です。常磐線の機関士の「電化になるから」という言葉からは、業務が楽になる、という意味あいに加えて、少しの寂しさが感じとれます。約60年前の作品ですが、蒸気機関車の衰退から電化への流れということがあったのでしょう。過渡期という点においては、現代の自動運転化に向かっていく変化に近いものも感じます。テクノロジーの進化による喪失感とでもいいましょうか、自動運転、無人運転へという変化も、変化の大きさという意味では、この頃の機関士の皆さんにとっては、すでに経験済みのようなところかもしれません。

さて、この映画のハイライトともいえるシーンは、3分延発で水戸駅を発車する列車が取手駅通過時には定時へと回復運転を成功させ、機関士がタバコに火をつけるところです。彼らの運転に対するプライドが最も光ります。

当時の機関士・運転士は今以上に一目置かれる存在で、誇り高き職業です。そして、小さい子どもの憧れでもありました。自動運転化の波のなか、機関士・運転士のスピリットが育ちにくい環境になってしまうことも、鉄道業界の大きな課題ではあると思っています。

とはいえ、「昔はよかった」といつまでも感傷に浸り続けることは、テクノロジーの進化を妨げます。時代ごとの考え方やメンタリティもあります。ぜひメリットとデメリットを天秤にかけつつ、自動運転をより高度なものにし、今後の鉄道業界が発展していってほしいと願います。

進化する鉄道運転、その先にあるもの

輸送システムの変革

ＪＲ東日本は、２０２１年の「首都圏の輸送システムの変革を進めます」というプレス発表のなかで、「運行管理と列車制御の融合と高機能化により、お客さまの需要に応じたオンデマンドな輸送サービスの提供と、効率的でサステナブルな鉄道運営を目指していきます」と示しました。これは、運転士に代わって列車の加速・減速・定位置停止などを行うＡＴＯと、列車衝突や速度超過を防ぐ無線通信を用いた列車制御システムＡＴＡＣＳ、さらには同社の列車ダイヤの管理や旅客案内を行う東京圏輸送管理システムＡＴＯＳ（Autonomous decentralized Transport Operation control System）を用いて「お客さま視点の輸送サービス」「ＳＤＧｓを意識した鉄道運営」「働き方改革」「技術イノベーション」をめざしていこうという内容でした。

ＪＲ東日本はもとより、新型コロナウイルス感染症拡大によって、鉄道業界は大きな打

撃を受けました。定期券収入をはじめとする旅客収入はいまだ回復のめどがたちません。また、鉄道事業は装置産業ですので、大規模な設備や車両・施設を必要とし、それにかかるメンテナンスコスト、減価償却費（一般的な電車の耐用年数は13年）、人件費までもがほぼ固定費となっています。つまり、たとえ鉄道が走らない場合でも費用がかかり、財政を圧迫しています。

そのタイミングで発表された「輸送システムの変革」には、自動運転が大きくかかわってきます。ＪＲ東日本の発表以外にも、輸送システムの変革や変化を紹介していきます。

閉そくを変更することでオンデマンドな鉄道に

ほかの交通機関と比較して、鉄道が持つ弱点の一つには、大きい輸送力や安定したダイヤと引き換えに、柔軟性の低さが挙げられます。運行ルートは線路で固定されていますし、列車運行ダイヤもあらかじめ決まっています。車両の運用（両数や車種）、乗務員の勤務も固定です。需要に応じたサービスの実現とは逆に位置しています。

とはいえ、今までの固定閉そくでの運用を、移動閉そくの考え方に変えることで、柔軟な運用実現の可能性があります（固定閉そく、移動閉そくの詳細は3章に先述）。

それにより、列車遅延を回復するための運転整理もできますし、ＡＴＯが高性能化して列車操縦を運転士の代わりに行うことも可能になるでしょう。

ドライバレス運転をめざしたワンマン運転

ＪＲ東日本では、ワンマン運転への準備も進んでいます。山手線、京浜東北・根岸線、南武線、横浜線、常磐線（各駅停車）を対象区間としており、これらは将来のドライバレス運転の実現をめざした準備となります。ＡＴＯ導入・ワンマン運転は２０２５〜２０３０年頃の導入、ＡＴＡＣＳ導入・ＡＴＯ高性能化を２０２８〜２０３１年頃の使用開始を目標としています。ここまで、運転免許を持つ運転士がＡＴＯ乗務をするＧｏＡ２、添乗員が先頭に乗務するＧｏＡ２・５、さらには添乗員が先頭以外に乗務するＧｏＡ３と多くの検討が行われていると述べてきましたが、実際のところ、２０２０年代は、大手を中心に他事業者も含めて本格的に自動運転への取組みが活発化してきた年でもあります。

安定性の向上

「安全」に次ぐ鉄道の大きな任務に、「安定輸送」があります。自動運転を実現する上で、安定性を保つことは、鉄道にとってとても大きなメリットです。今まで各々手動で行われていた運転についても、ＡＴＯの高性能化によって統一的な加速・惰行・減速が実現することになります。運転の平準化とは、安定的な列車輸送にとって強みです。また、ＴＡＳＣ（Train Automatic Stop Control：定位置停止装置）では、駅停車時に停止減速パターンに従って、自動でブレーキ制御ができます。運転士が人力で微調整していたところを自動で停車できるのですから、運転士の心理的負担は削減され、なによりオーバーランのリスクを大幅に削減することができます。

列車遅延時においても、ＪＲ東日本が開発した列車保安装置ＡＴＡＣＳの活用によって先行列車の出発予測時刻を回復させ、後続列車で速度を制御する仕組みができます。従来は駅手前の場内信号機や駅にある出発信号機において停車時間間隔を調整していました。閉そく・運行管理・列車操縦のそれぞれが連携できれば大きく効率的な運転が可能になります。一つひとつの列車が、安定的に、隙なく運転ができて、さらにそれが連鎖的に途切れることなく運行されることは、膨大な乗車人員を抱える首都圏輸送にとって価値のあることといえます。

快適性の向上

列車群制御とは、列車遅延の際に、列車間隔の乱れをコントロールすることで遅延回復を行うシステムですので、列車群制御による遅延の平準化は、混雑緩和、快適性向上につながります。

加えて、ＡＴＯの高性能化によって乗り心地向上の可能性もあります。現状では運転士の技術がシステムを上回ることも多いでしょうが、今以上に高度な運転ができることになると思います。

さらに、人間にはできないような操縦にも着目です。たとえば、自動運転では電気ブレーキ（電制）と空気ブレーキ（空制）の分担割合は電車に任せるために、運転士の意思とは関係なくなるということです。ですので、本来、手動運転では電制があてにならないから空制の比率を高くしてブレーキを効かせるなどの調整はできないのですが、自動運転であればば別々にコントロールすることも可能になってきます。停車ブレーキ中に回生ブレーキを一定数保った上でブレーキシリンダー圧力を抜き差しするといったことも可能なのです。快適性、つまりは乗り心地を追求した運転操縦は「人間離れ」した領域でも広がっています。

安全性の向上

将来的な技術革新が進むにつれて、ヒューマンエラーが削減され、鉄道の最大の任務である「安全性」へ大きく寄与することができるようになってくるでしょう。

たとえば、運転士にとって大きな敵が「居眠り」です。不規則な勤務体系による睡眠不足なども直接的な原因かもしれませんが、地下鉄や、隧道（トンネルなど）・高架が続く区間では、運転台からの景色が一定であるため、運転士は強い眠気に襲われやすくなります。もちろん運転中の睡魔は大変危険です。

ほかにも、睡眠時無呼吸症候群によって無意識状態に陥る危険性もあります。「考え事」や「勘違い・錯覚」、危険性の軽視、慣れからの意図的違反も要注意です。

システムも含めて、さまざまなことを最終的にチェックするのは人間なのですが、鉄道の最大の目的である安全を守るために、ヒューマンエラーの撲滅に、最新技術に期待します。

省エネ運転への取組み

ＪＲ東日本では２０５０年度の鉄道事業におけるCO_2排出量「実質ゼロ」にチャレンジする「ゼロカーボン・チャレンジ２０５０」を掲げています。ＪＲ西日本は「ＪＲ西日本グループ ゼロカーボン２０５０」、東急電鉄は「環境ビジョン２０３０〜なにげない日々が、未来をうごかす」と各社でCO_2排出削減を目標に掲げて取組みを行っています。電車は、回生ブレーキという仕組みを使っていて、エネルギーは架線に戻してほかの電車が使う、あるいは変電所に貯蔵することになる、元来エコな乗り物ではありました。現在は回生ブレーキ車両が主流です。

鉄道では「経済運転」という言葉があり、いかにエネルギー効率をよく運転するかに焦点が置かれています。むやみやたらと「力行」したり、ブレーキを繰り返したりすると電力を無駄遣いしがちです。そして早着についても、無駄な力行をしているということなので、時間どおりに到着する運転が理想的であります。

ＪＲ東日本は「エネルギーのロスが少ない効率的な省エネ走行パターンを開発し、将来の自動運転に反映させていくための研究」を進めるとしています。２０２２年２月の試験では省エネ自動運転が実施され、駅間の到達時間を変化させずに加減速の時間を短くし惰行の時間を長くすることで、従来の運転より12％程度のエネルギー削減の効果があったとしています。これは、①加速時間を短くし、②惰行時間を長く、③減速時間を短くする方法で、基本の省エネ運転を自動運転にて実現しているところです。運転士一人ひとりが安定して経済的な運転ができればよいのですが、運転方法は千差万別です。このように安定的に自動運転が提供できれば大きな省エネ運転の実現にもつながりますし、各社が掲げる目標達成に近づくでしょう。

見ものは、新幹線の自動運転

新幹線は、自動運転とはひときわ相性がよいのではないでしょうか。１９６４（昭和39）年の東海道新幹線開業当初よりＡＴＣ（Automatic Train Control：自動列車制御装置）が導入され、日本で車内信号機をはじめて使用した例でもありますので、かねてから自動運転の下地ができています。近年では、2020年7月、JR東海のN700Sのデビュー時に、乗務員停止支援機能が追加され、駅停車時に運転士が操作するブレーキと、万が一の行き過ぎ防止のためにアシストする機能がつけられました。

新幹線というのはご存知のとおり200㎞/hを超える高速運転を前提としています。この速達性を実現するために、ミニ新幹線を除く全線が、線路と道路が立体交差となっていて踏切がなく、高架区間が基本になっています。在来線ももちろんみだりに線路内へ立ち入りしてはいけませんが、特に新幹線では「新幹線特例法」という法律に定められている特徴もあり、このように構造上もルール上も厳しく立ち入れないようになっています。

これまでの自動運転に求められる「人が容易に立ち入ることができない構造」としては、新幹線は理想的な環境であるともいえます。ただ異常時などなにかあった場合の規模は在来線の比ではなく、一度の停止だけでも相当な時間を要しますし、要員手配も難しくなりそうです。

JR東日本では、2021年11月、新潟駅～新潟新幹線車両センター間にて上越新幹線E7系回送列車の自動運転試験を行いました。運転士が乗務していたものの、ATOにて加速〜停止までレバーに触れることなく運行できたとのことで、ゆくゆくは高速域のなかでの自動運転が実現するのではないかというところまできています。

さらにＪＲ西日本では２０２２年４月に、北陸新幹線にて自動運転実現に向けた開発の取組みを発表しました。車両を自動で加速・減速させ定められた位置に停止させる制御装置のほか、発生した異常を自動的に検知し、安全に停止させるためのシステムの検討も行っているといいます。自動運転において弱点ともいえる異常時において、なにかしら早急に異常を見出せる仕組みというのは今後の業界における自動運転の取組みの一助になるに違いありません。

もちろん実現までに課題はありますが、もし新幹線での自動運転技術・無人運転化が実用化されれば大きな話題にもなりますし、フラッグシップとして業界の方向性を見据える存在になりそうです。

変動運賃・変動ダイヤ

鉄道業界では、変動運賃の話題も熱を帯びてきました。運賃・料金制度については、もともとインフレキシブルな制度だったのが、変動運賃を用いることで、上限運賃制度の見直しの動きも出ています。決まった値段設定ではなく需要供給に応じた価格というのが、適宜変更されながら提供されることもあるかもしれません。運賃表を見ながら購入していた私たちにとっては見慣れないものですが、時間と混雑状況に応じた運賃というのもそれこそオンデマンドな鉄道なのかもしれません。

また、鉄道には3つのダイヤが存在し、列車運行ダイヤのほかに、車両運用ダイヤ、乗務員運用ダイヤがあり、平日・休日ごとに予定どおり定期の運用として決まっています。今後は運行の基準となっていたそれらのダイヤでさえ変動的になり、お客さまのニーズにそった時刻や運用へと変更できる可能性があるかもしれないということです。

今のところ甚だ信じられないような話ばかりですが、現在の鉄道にある既成概念もこの何十年かの間に進化を遂げてしまう……まさに今、時代の過渡期を迎えています。

Interview 2 × 元東京大学大学院特任教授　水間 毅

日本の自動運転はどこへ向かっていくのか

海外と比較して日本の自動運転はどうなのか。今後、日本の自動運転はどのように進化していくのか。課題はなにか。交通安全公害研究所（当時）などで活躍、海外の自動運転事情にも精通している元東京大学大学院特任教授の水間 毅さんにお話をうかがいます。

水間 毅（みずまたけし）

1984年東京大学大学院工学系研究科電気工学専門課程博士課程修了（工学博士）、運輸省（当時）交通安全公害研究所に入所。2011年独立行政法人交通安全環境研究所理事。2016年より東京大学大学院新領域創成科学研究科特任教授。2022年より株式会社京三製作所 R＆Dセンター。

日本を代表して鉄道自動運転規格を審議

——自動運転とのかかわりを教えてください。

２００５（平成17）年に、「愛・地球博」でアクセス交通として常電導磁気浮上式鉄道のリニモ（愛知高速交通）が実用化されました。リニモは、基本は無人運転ということだったので、私は、交通安全環境研究所の職員として安全性評価を行いました。当時は国際規格上、自動運転の定義がされていなかったので、リニモに関しての評価も「何か故障があっても安全に止まれるか」という観点での評価が中心でした。

リニモは、藤が丘～はなみずき通間は、添乗員が乗務するかたちで、その後の、はなみずき通～八草までの区間は、高架部分で、従来の新

2005年3月に開業したリニモ

交通システムと同じく無人で運転するというスタイルで運行されています。国際標準でいうGoA3（添乗員が乗務する自動運転の形態）、GoA4（添乗員が乗務しない自動運転の形態）に関する安全性の評価をさせていただきました。

自動運転と直接は関係ないですが、「愛・地球博」より前ですと、「リニア地下鉄」の実用化の際の安全性評価にも携わりました。大阪市南港の試験線で、運輸省（当時）、日本地下鉄協会と日立製作所をはじめとするメーカーが、産学官で連携し、私は交通安全公害研究所（当時）の1人として安全評価を行いました。

大阪市交通局（現Osaka Metro）の長堀鶴見緑地線で実用化されたのは1990（平成2）年ですが、1987（昭和62）年あたりから試験を行い、3か年計画で産学官で連携しリニア地下鉄の安全性検証を行いました。検証のメインは必ずしも自動運転ではなく、あくまでも、リニアモーターを鉄道に利用するという観点がメインでしたが、ATC（Automatic Train Control：自動列車制御装置）の安全確保の下にATO（Automatic Train Operation：自動列車運転装置）運転を行うという、今の国際規格でいうとGoA2（運転士が出発ボタンを押して、自動的に出発、停止までを行う運転形態）の安全性は、実績もあるということで、付加的な検証項目でした。

非常に興味深かったことに、試験線で、リニア地下鉄の安全性の試験が終わった後に耐久性の評価試験をしたときのことがあります。試験線は環状線ではなくて、「つ」の字型のような形状でした。そこで耐久性の評価試験を行うわけですが、運転士が運転をすると、労働時間の関係で制約が大きいということでした。そこで私がＡＴＯの設計をして、自動でＡＴＣのもとでＡＴＯ運転を走らせる耐久試験を行い、省力化の効果をあげた経験があります。

当然ＡＴＯはＳＩＬ（Safety Integrity Level：安全度水準）４（国際規格上での最高安全レベル：フェールセーフ）ではありませんので、何かあったらＡＴＣにより必ず止まれるように、当時の試験線の線形で速度パターンを決めて、速度オーバーしたら直ちにブレーキをかけるという方法以外にも非常ブレーキパターンを設計し、耐久試験を実施しました。

また、１９９０年頃から審議がはじまった国際電気標準会議（ＩＥＣ：International Electrotechnical Commission）の自動運転の安全性要件に関する国際規格（ＩＥＣ６２２６７）の審議について、私は日本の代表メンバーとして10年近く携わりました。その後、今の国際規格ができて（２００９年公布）、それがＪＩＳ（Japanese Industrial

Standards：日本産業規格）（ＪＩＳ Ｅ ３８０２）（２０１２年公布）にもなっています。

普通、国際規格というのは3年くらいでできるのですが、この規格は10年かかりました。それだけ議論が白熱したということです。国際会議はだいたい3カ月に1回の頻度ですが、そのたびに海外出張に行きました。それだけＧｏＡ０〜ＧｏＡ４（ＧｏＡ０は有視界運転、ＧｏＡ１は通常の運転士が運転する手動運転）がしっかり定義されたということです。多くのディスカッションを経てつくり上げたものですので、安定した（後世まで使用可能な）規格ができているのではないかと思います。

はじめて自動運転を実現させたのは日本だが
——日本の鉄道業界で、自動運転はどのように進化してきたのでしょうか。

日本ではじめて自動運転が実現したのは１９８１（昭和56）年の神戸新交通ポートアイランド線であり、世界ではじめての無人の自動運転が実現したのは実は日本です。ただしその頃には国際規格はできていませんが、今の国際規格でいうＧｏＡ４に相当します。技術的には、たとえばフルハイトのホームドアや高架構造で人が軌道内に立ち入れないという線形条件の下に、ATC・ATOという日本の技術があわさったことで実現できたのではないかと思います。それゆえに無人の自動運転（以後、無人運転と称す）が可能になったので、新交通に特化した特殊なかたちの自動運転ではないでしょうか。

一方、ヨーロッパは日本から遅れること2年くらいで、VAL（Véhicule Automatique Léger：フランスの自動案内軌条式旅客輸送システム）という日本でいう新交通システムが高架構造とATC・ATOによる無人運転を実現しました。そしてその後、ヨーロッパは、こうした新交通システム以外に、無人運転の地下鉄がどんどん実用化されています。なかにはホームドアがないニュルンベルクの地下鉄などでも無人運転が実用化されています。

つまり、実は日本が先に無人運転を行ったのに、延長キロ数ではヨーロッパに抜かれ、さらに今や韓国や中国、東南アジアにも抜かれてしまっています。特殊な線形にのみ技術的な優位性を発揮できた日本の無人運転ですが、地下鉄という線形のなかではなかなか自動運転が実用化され難いというのが日本の現状ではないかと認識しています。

――日本が遅れをとっている原因は、日本特有の「しがらみ」のようなものが影響しているのでしょうか。

まさにそこだと思います。私は、東京大学大学院特任教授時代に地下鉄の自動運転の実現に向けた支援をしていたのですが、地下鉄は現状、運転士が先頭に乗務して、出発から停止まで手動で運転を行うかたち（ＧｏＡ１）が基本ですが、一部はＧｏＡ２による運転も実現しています。この状況でＧｏＡ３を実現させるためには、運転士ではなく添乗員が乗車し、しかも先頭には乗らなくなりますから、今の運転士がやっていることをシステムが行わなければなりません。つまり、その運転士の役割をシステムがどのようにして代替できるかということの評価・コンセンサスが、日本の場合は「現状非悪化（現状より環境を悪化させないこと）」の考え方なのです。

ヨーロッパでは国際規格に則った定量的評価でよいので、ＳＩＬ４が実現できれば、添乗員が先頭に乗っていなくてもシステムで止めることができるので、自動運転が認められます。一方、日本の場合は、運転士が現に乗っていることで非常に高い安全性を確保しています。現状非悪化の考え方のなかでは、システムが実行する自動運転が「今の運転士による運転と同程度以上の安全なシステムです」ということを評価することの難しさが、私は大きな壁であると思っています。

相対評価の日本と絶対評価のヨーロッパ

すなわち、運転士のレベルをどう評価するかが難しいわけです。それぞれ個人の能力の差もありますから、「運転士の能力はこれだ」ということは一概には決められません。今の動力車操縦者運転免許を持っている運転士の能力も個々に差があります。そのような状況で、運転士と同程度の能力が求められるといってもシステム設計のやりようがないわけです。はっきりしたスペシフィケーション（仕様）がわかればよいのですが、ないので決めることができない。

つまり、運転士と同程度の能力を持ったシステムだとどのようにして証明するのか。これが非常に難しく、それゆえ、日本の地下鉄における自動運転の実現は進みが遅いと思われます。

ヨーロッパは運転の主体が運転士でなくシステムであっても、ＳＩＬ４と評価されれば、すなわち、「何かあったら止めることができる」ということが証明されれば実用化できるということです。むしろ、運転士はＳＩＬ４ではないといわれていますので、安全性は向上するとまで評価されることがあります。

一方、日本の場合、特に地下鉄では、運転の安全以外に、駅間に列車が止まってしまった際の避難誘導時に乗務員等が誰もいないとなると、心理的な不安が非常に大きいといわれています。今は運転士・車掌に導かれて避難誘導できる環境がありますが、それがないとなると、現状非悪化の論理でいえば本当に今までと同程度の安全・安心感が保てるのかということを証明するにも高いハードルがあります。

海外では、乗務員がいなくても自動放送をし、自動でドアが開いて、避難通路によりスムーズに避難もできるシステムを組んでいます。したがって、常にOCC（Operation Control Center：運行管理センター）と連絡が取れるようになっています。つまり、無人ではあるが、乗務員（運転士や添乗員）がいるのと同様なコミュニケーションがとれるという設計で自動運転が認められているのです。

日本においては、運転士・車掌による現状の案内・誘導がシステムで同程度にできるかということ、またその証明が難しいということ、すなわち、今の運転士が担っている役割は、非常に安全レベルが高いと評価されているわけです。現に火災一つ例にとっても、運転士は「焦げくさい」などのにおいで火災の芽生えを検知してOCCに連絡して事前に火災に至る事象を防いでいます。それを火災検知センサー等のシステムで運転士と同等のことを行うのは非常に難しいですし、またもともと運転士がもっている火災を見つける能力がどのくらいなのかということを特定することも難しいわけです。

日本の場合は相対評価が主なので、運転士と同じ安全性をシステムで確保できるか、保証できるかが評価指針になります。一方、ヨーロッパは絶対評価が主ですから、システムがＳＩＬ４と評価されれば、１万年か10万年かに１回しか危険側に故障しないのだから安全ですよと、絶対的な数字をもって評価し、導入をしている、その差が大きいと思うのです。

「案内だけで逃げろ」で納得できるのか

――緊急時の避難誘導が大きなポイントでしょうか。

ただ避難誘導に関しては、ＧｏＡ３ならば車内に添乗員が乗っているため、運転士や車掌と同等のことができれば問題ないので、まずは日本の地下鉄としてはＧｏＡ３をめざすべきではないかなと思っているところです。

ところがヨーロッパではＧｏＡ３を実施している路線は少なく、自動運転といえば、ほとんどがＧｏＡ４です。避難誘導もシステム化されているので、「放送による案内のとおりに従えば、避難誘導のために人が乗っていなくても大丈夫だ」という発想なのです。ただ、本当に危ないときには30分以内に助けに行く、そのようなルール・マニュアルがしっかりとできているので、乗客が不安にならないように放送等を行うコミュニケーションツールがしっかりある。その一方で、シンガポールはＧｏＡ４からＧｏＡ３に戻したといわれています。やはり人がいる安心感というのは、アジア的な発想なのかなと思いますし、あとは国民性の問題だと思います。

とにかく地下空間のなかで、乗務員が誰もいないのに、途中で車両が止まっても、「案内だけで逃げろ」といわれても、日本人が納得するかです。今は車掌や運転士が「こっちに逃げてください」と誘導してくれる安全・安心感がありますが、それをシステムが代替できるかというところが地下鉄におけるＧｏＡ４実現の鍵です。

――鉄道事業者も「安全・安心」と多くうたっていますが。

日本の鉄道は、運転士、車掌とシステムにより、すでに高い安全性を確立しているので、それと同程度の安全性をシステムだけで実現することは非常に難しいです。ただ私の考えとして、いろいろな技術の組み合わせによりシステムを実現し、それを総合的に評価することで、現状非悪化を証明する可能性があるということです。総合的に評価して現状非悪化という判断がなされれば、認められる方向になる可能性があります。「これ一つで運転士の代わりをする」のではなくて、「これとこれを組み合わせて運転士の代わりにする」などとすれば、ある程度対応できる可能性があるのではないでしょうか。

今後の運転士不足や少子高齢化を考えたときに、しかもこのコロナ禍においてなかなか鉄道の需要が回復しないとなると、鉄道事業者にとってはコストダウンを図るために自動運転は必須だと思います。

GoA2・5が日本的な自動運転の第一歩

――自動運転は、どのように進化していくと思いますか。


技術的なことをいうと、ATC・ATOがあれば車両の自動走行は問題ありません。あとは、軌道に入った人や障害物に対しての安全確保です。

在来線の話をすると、軌道内に人や障害物が入ってくる恐れがあるから、GoA3のように先頭に誰もいないということは安全上の問題があります。トンネル内を走行する地下鉄と比べて、在来線は軌道内にも人や障害物が入りやすい。また、空からの飛来物や踏切もありますから、余計に運転士が行っている障害物検知やブレーキをかけることをシステムで代替することについて、地下鉄以上にシステムに求める性能が上がってきます。ですので、日本的にいうとＧｏＡ２・５（国際規格にはない、日本独自の自動運転の形態で、先頭に、運転士ではなく添乗員が乗務し、運転は自動で行う形態）で、まずは添乗員が先頭に乗り、運転士が行っている障害物検知や非常ブレーキ操作の役割を果たそうということです。運転はシステムで行いますが、監視と非常ブレーキ操作は運転士と同じように行いますよ、と。まさに日本流の自動運転です。

ＪＲ九州が、２０２２（令和４）年の3月から香椎線全線で実証運転を行っています。それでも先頭には運転士が乗っていますから、いつ運転士を添乗員に交代して、真のＧｏＡ２・５を実現するかが鍵です。

それも現状非悪化の論理でいうと、添乗員が、運転以外で運転士と同じような能力・危機管理能力、復旧能力、つまり列車を復旧させるために、運転士であれば自分で判断して運転できるところを、運転のできない添乗員が、運転士と同程度のレベルを保つためにどのように運輸指令に連絡し、どのように運転の指示を待つかといった評価指針がある限り、ただ単に「今日から運転士を添乗員に代えます」では認められないのです。これが今後の課題かと思いますが、まずはＧｏＡ２・５が、在来線の日本的な自動運転の第一歩だと思います。

――地下鉄だけが独立独歩で発展していく可能性はありますか。

地下鉄の自動運転実現に関しては、たとえば、ホームに可動式ホーム柵が設備されれば、人が軌道内に入る確率や障害物が軌道に落ちる可能性は非常に少ないため、火事やホーム柵からの人の飛び込み等の検知に限られてきます。在来線に求められるセンサー能力に比べればそれほど高いレベルではない可能性がある。ただ、それでも今、実現には苦労しているように見えます。最終的には地下鉄がめざす先はＧｏＡ３かＧｏＡ４だと思うのですが、火災検知、障害物検知、避難誘導が、日本の地下鉄における自動運転実現の鍵だと思っています。

在来線においても、たとえば、ＪＲ東日本の山手線では、自動運転をめざした実証実験が２０２２年10月にはじまると発表されていますが、在来線の自動運転というのは、本当に新交通システム並に人が入れないよう軌道に高い壁や柵でもつくらない限り人が簡単に入れてしまいますので、実現のハードルは高いと思います。また、踏切はない方が望ましい。ある場合は、踏切に人や障害物が侵入した場合の対応策をシステムでしっかり構築しないといけません。人や障害物が軌道内に入ってきたらそれを検知して列車を止めなければいけない。つまり、在来線の自動運転というのは地下鉄以上にセンサー能力が要求され、全線に容易に人や障害物が入れない構造、検知・防護機能が必要になるのではないかと思っています。

――JR東日本の経営ビジョン「変革2027」ではドライバレス運転がうたわれています。GoA3、GoA4を実現するのは、ここ20、30年の話でしょうか。

もっと早く実現してほしいと思います。技術が確立され次第すぐにでも実現してほしいです。そのためには、センサー技術の非常に大きなブレイクスルーを望みます。

というのは、運転士の能力と同程度にセンサーの信頼性も重要で、頻繁に壊れてもいけないわけです。信頼性や安全性、そのような要素もセンサー技術に望まれます。一方で、自動車の自動運転技術は非常に進んでいるので、そのような技術をうまく利用すればそれほど時間はかからないのではないかと思います。ただし、自動車のフェールセーフ（絶対安全）は鉄道でいうとＳＩＬ３に相当し、一桁レベルが低いのでそこは注意しないといけないと思います。自動車の最高安全だから鉄道の使用にもＯＫというわけではなく、鉄道なりにより安全性を高める工夫が必要だと思います。

試金石は超電導リニア

――構造を考えると、次に無人運転となるのは新幹線ですか。

ええ、すでに新幹線は、線路内に人が容易に入れない構造になっています。ただ、320㎞／hで、今のセンサー技術が運転士と同程度に障害物を見たり、判断することができるかどうかを評価することが非常に難しい。新幹線の完全自動運転化というのは、高速に対するセンサー技術の対応が課題の一つだと思います。

さらに、新幹線は大量輸送なので、たとえば東海道新幹線のように16両編成、しかも満席での避難誘導となった場合、GoA4で乗務員が誰もいなくても大丈夫か、必ずしも運転士は必要ではないかもしれないけど、本当に無人でいいのかという、安心感の議論は別途あるかもしれません。

先ほど、ヨーロッパは放送により案内・誘導をすればいいという話をしましたが、耳の聞こえない方とか障がいを持った方がいらっしゃった場合はどうするの？　という議論はヨーロッパではあまり聞きません。その視点は現状、フランス・パリの地下鉄をみても、ないように思われます。もちろん配慮された避難通路はありますし、放送もありますけど、障がい者の方がいたら独力で避難はできない可能性が高い。

ヨーロッパは「騎士の精神」で助け合うのかもしれません。日本でも当然助け合いがあるのかもしれませんが、ただ鉄道会社として何も手を差し伸べなくていいのかという議論は、日本においては強くなされるでしょう。

そういった意味で、試金石の一つは、私は、超電導リニアかと思います。超電導リニアは地上駆動なので車上駆動を対象とした自動運転の国際規格の定義に当てはまらないのですが、とはいえ、完全に自動運転です。しかも大深度トンネルを走行しますので、非常事態には、必ず定点で止まって避難誘導を実施します。乗客はその場所から降りるのですが、その際に体の不自由な方をどうするかということが、JR東海も考えていると私は思います。何らかのかたちでの添乗員の乗車は必要ではないのか、そうすると国際標準的にはGoA3が相応しいかなという気がします。超電導リニアの避難・誘導の方法が今後の新幹線ですとか、たとえば山手線等の超大量輸送の自動運転の実現時のモデルになる可能性はあるのではないかと思います。

――となると、自動運転化の難易度が高いのは在来線？

在来線も、近未来的にはGoA2・5が実用されると思いますけれど、ただ運転士の必要性がなくなるわけではなくて、列車が本当に止まって、復旧時に運転が必要な場合は、必ず運転士が運転のために救援に行かなければいけない。運転士の職がなくなるということはあり得ないと思いますので、労働問題に発展するということもないでしょう。そもそも運転士が減るということが大きな問題なので、必要性を問われれば、運転士はやはり必要です。ＧｏＡ２・５だから運転士がいなくてよいというわけではない。自動運転でも運転士は必ず残ると思います。

フランスは日本によく似ている

——自動運転において日本が参考になる国はどこでしょうか。

フランスだと思います。ＴＧＶ（フランス高速鉄道）も自動運転をするといいはじめましたし、パリのＲＡＴＰ（Régie Autonome des Transports Parisiens：パリ交通公団）も地下鉄のＧｏＡ４の無人運転を実施しています。ただし、彼らはＳＩＬ４の原理・定量的評価の論理で実用化を実現していると思います。ただ、高速の新幹線用のセンサー技術あるいは郊外の在来線での人や障害物の立ち入りの検知に関して、センサー技術としてまだ確立されてないので、技術的に開発している段階ではないかなと思います。

要するにATC・ATOであれば鉄道は自動的に走行は可能であるけれど、RER（Réseau express régional d'Île-de-France：イル＝ド＝フランス地域圏急行鉄道網）にしても郊外の在来線を走行する場合は、人や障害物が飛び出してきたり、踏切もある。そのようなときにセンサーでちゃんと検知して列車を停止できるかどうかを、今研究・開発しているのではないでしょうか。そういう状況は日本と似ているのかもしれません。

――無線式列車制御システムの考え方も普及していきますか。

自動運転ももちろんですが、CBTC（Communication Based Train Control：無線式列車制御システム）プラス自動運転というのが省コスト・省保守で、今後の鉄道技術のトレンドとして、新幹線・在来線・地下鉄もそうなってくるのではないでしょうか。

CBTCでは、基本的に移動閉そくになりますし、軌道回路がなくなりますので、全線保守しなくてよいために保守費が相当削減されます。また、通信に5Gを使ったりすると、CBTCとセンサーの相性もよいので、クラウドを使った、利便性の向上だけでなく、安全性の向上にも利用できるかもしれません。安全性に関しては、リアルタイムで監視、制御しなければいけないので、5Gのクラウドを使ってCBTCを利用すれば走行制御・監視・安全制御をセットでできるようなシステムも考えられます。

――添乗員をも人型ロボットに置き換えることになりますか。

人間の安心感のところで、何もないより、人型ロボットが誘導してくれた方がよいという考えもあります。その実現は、ロボット業界に委ねてしまいますが、人手が足りなくなることを考えれば、需要はあると思います。日本の鉄道の場合、コロナ禍とはいえ大量輸送を実施しているなか、人のみで対応しようとすると人件費がかかる。そこをロボットで補うのも一つの手ではないかと思います。

これは反省点でもあるのですが、今まで私たちは「列車を止めれば安全だ」と思っていましたけれど、その後の速やかな復旧や安全な避難誘導も非常に重要で、そこで失敗したら決して安全でなくなる。その安心感をシステムとしてもフォローする必要があるのではないか。列車を止める分には技術面でいいのですけど、止めた後の速やかな復旧や避難誘導を含めた安全・安心感も結構重要なファクターです。日本において、将来的な自動運転の実現を視野に入れた場合、人型ロボットの添乗の可能性も含め省力化の議論は重要ですが、それだけで現状の鉄道における安全・安心のレベルが確保できないならば、やはり人に頼る部分が残るのではないかと、私は思います。

おわりに

運転士の技術とシステムの融合に向けて

ＪＲ東日本が行っている自動運転試験には、技術者だけではなく、山手線の現役、しかもベテランの運転士が参加しています。そして、普段運転士がどのように加速・惰行・減速を行い、定時運行を守っているのかをもとに、乗り心地を追求した運転曲線を設定しています。また、無駄なエネルギーを削る省エネ運転という面でも、運転士の知見が活かされています。ＪＲ西日本も、「ＪＲ西日本技術ビジョン」のめざす姿として、「人と技術の最適な融合」を掲げて「自動運転技術による安全性と輸送品質の向上」の実現に向けた技術の開発に取組む、と述べています。自動運転を実現するために、運転士が培ってきた運転技術を自動運転システムにトレースすること、このフェーズがもっとも重要になるところでしょう。

現状のＡＴＯや空転滑走検知装置など、運転士の代わりは、さまざまなかたちで実現されています。自動運転時代においては、運転士の裁量権で運転士頼みだった最終的な安全を、誰がどのように担保するのかが課題の一つです。運転に対する概念自体が大きく変わりつつあるともいえそうです。

鉄道業界の多くは系統部門別の縦割り組織となっています。職人由来の数値化しづらい運転士の技術と、数値化が必要とされるシステムの融合のためには、部門ごとに管理していたデータを部門横断で共有・活用するなど、新たな取組みも必要になるでしょう。

数値化されない運転士の能力が安全を確保

日本の運転士の技術は確立されており、ヒューマンエラーを起こす確率もかなり低い。とはいえ、私は、本書にまとめあげるまでは、間違いを起こす生身の人間の運転よりも、完全な自動運転の方が当然、安全により寄与する、と、なんとなく思っていました。

元東京大学大学院特任教授・水間 毅先生は、「日本の鉄道は、運転士、車掌とシステムにより、すでに高い安全性を確立しているので、それと同程度の安全性をシステムだけで実現することは非常に難しい」といった話をしてくれました。つまり、日本においては、運転士の教育あるいは動力車操縦者運転免許の要件がヒューマンエラーの減少につながっているぶん、システムへの代替が難しいということです。鉄道の運行は、絶対的な数値では割り切れない運転士の非常に高い能力で、安全を確保している。強固に守られてきた安全への取組み・意識が、自動運転化への壁ともいえるのです。

とはいえ、労働人口の減少、運転士のなり手が減っていくなか、鉄道における自動運転は、そう遠くない未来に本格化するでしょう。しかし、労働人口の減少が、結果としてヒューマンエラーの増加につながってしまえば、高かった運転士の能力も全体的に低下するのではないかという心配が残るのです。

自動運転になっても変わらないもの

運転士、機関士は、特に一目置かれる存在であり、誇り高い職業です。小さい子どもにとっては今も将来の憧れです。時代とともに、運転士の役割は変わります。私も、時代の変化に一抹の寂しさを感じます。しかし、変化は受け入れなければならない。蒸気から電気になったとき、機関士たちが感じてきた気持ちときっと同じです。加えて私自身は、本書の「はじめに」でも触れましたが、鉄道マンスピリットをどのように育んでいくか、どのように後世に伝えていくか、も考えていかなければならないと思っています。

安全・安定・快適という鉄道の大きな使命は、極論、もしも運転士がいなくなったとしても変わりありません。最終的な安全のために、先人たちが培ってきた技術が活かされてきました。今、過渡期にある運転士たちの功績も、いつまでも輝かしく残るのではないでしょうか。

本書の制作にあたって対談・インタビューを快くお受けいただいた方々、出版に向けて構想からご一緒に模索いただいた交通新聞社編集担当の平岩美香さん、そして鉄道の進化に取組まれている事業者の方々や鉄道関連メーカーの皆様、なにより安全に向けて取組まれている各現場の方々に心より感謝申し上げます。

主な参考文献

『鉄道における自動運転の歴史と今後』　水間 毅（『計測と制御』第56巻　計測自動制御学会）
『わかりやすい運転操縦実務』　わかりやすい運転操縦実務研究会　日本鉄道運転協会
『定刻発車』　三戸祐子　新潮文庫
『鉄道関連技術の習得：お雇い外国人の時代を中心に』　林田治男（大阪産業大学経済論集）
『鉄道と女性展　鉄道を動かし、社会を動かす』　国立女性教育会館展示資料
『チンチン電車と女学生　1945年8月6日・ヒロシマ』　堀川 惠子　小笠原信之　講談社文庫
『「指差呼称」のエラー防止効果の室内実験による検証』　芳賀 繁　赤塚 肇　白戸宏明（『産業・組織心理学研究』9巻2号）
『日本鉄道史　上編』　鉄道大臣官房文書課（編）　鉄道省
『機関士 走りつづけて一万四千日』　向坂唯雄　草思社
『電車を運転する技術』　西上いつき　SBクリエイティブ
『なぜ起こる鉄道事故』　山之内秀一郎　朝日文庫
『鉄道史人物事典』　鉄道史学会　日本経済評論社

参考文献

『鉄道に学ぶ！　安全性と信頼性の基礎知識１』安全を支える信号保安装置　イプロスＴｅｃｈＮｏｔｅ編集部
『鉄道における自動運転技術検討会　令和元年度とりまとめ』国土交通省
『ａｎｄ Ｅ』東日本旅客鉄道
東日本旅客鉄道公式ＨＰ
西日本旅客鉄道公式ＨＰ
九州旅客鉄道公式ＨＰ

西上いつき（にしうえいつき）
大阪府出身。関西大学商学部卒業後、名古屋鉄道株式会社に入社。運転士・指令員などを経験したのち退社。その後、シンガポールの外資系企業を経て帰国後にIY Railroad Consultingを設立。著書に『電車を運転する技術』（SBクリエイティブ）。東京交通短期大学非常勤講師。Yahoo!ニュース公式コメンテーター。鉄道系YouTuberとして「鉄道ゼミ」を運営。地域おこし協力隊（銚子電鉄）。

交通新聞社新書166
鉄道運転進化論
自動運転の時代に運転士は必要か？
（定価はカバーに表示してあります）

2022年10月6日　第1刷発行

著　者——西上いつき
発行人——伊藤嘉道
発行所——株式会社交通新聞社
https://www.kotsu.co.jp/
〒101-0062　東京都千代田区神田駿河台2-3-11
電話　(03) 6831-6560（編集）
(03) 6831-6622（販売）

カバーデザイン—アルビレオ
印刷・製本—大日本印刷株式会社

ISBN978-4-330-05722-4